山本寛斎

ハロー・自己表現

YAMAMOTO KANSAI

NHK「課外授業 ようこそ先輩」
制作グループ＋KTC中央出版［編］

PROFILE

山本寛斎

やまもと・かんさい

（スーパーショープロデューサー
ファッションデザイナー）

一九四四年（昭和一九）二月八日、神奈川県横浜市に生まれる。七歳のとき、両親が離婚し、寛斎さんは父親にひきとられ、一〇歳まで高知、大阪、岐阜を転々とする。転校は、一二、三回に及び、沈みがちな少年だったという。

小学校四年生のときに岐阜市に越してきて、今回の授業が行われた岐阜市立明徳小学校に転校して以来、今の寛斎さんを築く転機を迎える。その間の事情は、本書インタビューに詳しい。

岐阜には、小学校、中学校、高校生までの八年間を過ごす。岐阜工業高校卒業後、日本大学英文科に入学。在学中に「六本木族始末記」というドキュメントに刺激され大学を中退。コシノ・ジュンコに弟子入りする。一九六七年（昭和四二）、候補二回目で装苑賞《そうえんしょう》を受賞する。

二三、四歳のころ、ロンドンに遊学する。蛇皮《へびがわ》の上下スーツを着て街を歩いていたとき、「かっこいい」と写真を撮られ、雑誌「ライフ」に掲載されて、世界の読者の前に登場。

一九七一年（昭和四六）、㈱やまもと寛斎を設立。同年ロンドンで日本人初のコレクションを開催。以後、パリ・ニューヨークなどにも店を開き、頻繁《ひんぱん》にコレクションを発表、国際的デザイナーとして活躍する。鮮やかな色彩、大胆な柄《がら》などラジカルな感性は世界中で高い評価を得ている。

一九八九年、名古屋で開催された世界デザイン博覧会で、総合プロデューサーを務める。

一九九三年、ロシア「赤の広場」で一二万人もの観客を動員したスーパーショー「ハロー！ ロシア」、九五年、ベトナム・ハノイのバイマウ湖上での「ハロー！ ベトナム」、九七年一一月にはインド最大のショーと言われた「ハロー！ インディア」をニューデリーのネールスタジアムで行った。今やファッションデザイナーに留まらない世界のスーパーショープロデューサーとして活躍している。

なお、二〇〇〇年には、今回の授業が行われた岐阜市で、大イベント「ハロージャパン・ハロー21・インぎふ」の開催が予定され、この授業を受けた明徳小学校の子どもたちも出演する。

今回の「課外授業 ようこそ先輩」は各方面にインパクトを与え、その後、朝日テレビ「ターニングポイント」の司会者など、寛斎さんの新たな表現活動の幅を広げる契機ともなった。

一九七七年、パリでファッション・エディターズ・クラブ賞を受賞。一九九一年、第七回日本イベント大賞審査員特別賞受賞。九三年第七回東京クリエイション大賞国際賞受賞。ほかに日本人では珍しい「ロシア人道基金」のメンバーに選ばれる。著書に『寛斎鉄丸全行動』ほかがある。現在、岐阜市立女子大学客員教授。趣味はスキンダイビング、辺境な地域への旅行。

「ハロー・明徳小」フィナーレ

授業前インタビュー

この授業のためのインタビュー記録は、授業前、授業途中、授業後の三本ある。

この章では、まだ授業が行われる前に、寛斎さんが、授業で子どもたちに何を伝えたいかをテーマに語られる。インタビュー中の話題は、実際の授業中に語られた内容と重複するところもあるが、それが子どもたちにどういう背景で語られたかがわかる資料となっている。

現在の寛斎さんの溢《あふ》れるエネルギーを今の子どもたちにぶつけて、子どもの多感な感性を激しく揺さぶってみたいと、寛斎さんは語る。そうして、これからの子どもたちには、「自分とは何か」という自己表現の重要性を伝えたいという、明快な授業の柱が示された。

子どもたちに伝えたいこと

自分の経験から伝えられること

最初の質問ですが、現在の小学生たちのことをどのように見ておられますか？

わたしが実際に子どもたちと接点があるのは、イヌの散歩に出かけたときに子どもたちが「かわいいわね」と寄ってきたりするときぐらいしかありません。今の子どもたちについて不可とも可とも思っていませんが、ただ、わたしの育った環境と彼らの育つ今の時代が違いますので、これからの子どももずいぶん違ったかたちになっていくだろうなあ、という予感はしています。

今回、出身校である岐阜の明徳小に行かれて子どもたちに授業をしていただくわけですが、寛斎さんが子どもたちに伝えたいと思っておられることは何でしょう?

ちょっと遠回りでお答えします。

最初このお話をいただいたときに、直感的に大変面白いと思いました。この番組そのものが非常にいいところを突いているなという感じを受けました。それで出演を快諾させていただいたわけなんですが、果たしてわたしが何を若い世代の子どもたちに伝えることができるかということについては、そうですね、一〇日間ほどは何も見えていませんでした。

その間にいろんな自分自身の過去について考えました。わたし自身が改めて、今まで何をやってきたのかということを整理するいい機会にもなりました。

これだけはおそらくだれよりもうまく説明できるかなと思ったことは、「ショーマンシップ」です。ショー、つまり見せるということですね。自分が一体何者で、その自分をどう人にアッピールしていくか、ということです。

日本人は日本人どうしの間でははっきり自己主張することもよく見受けられますが、海外や外国の人に対しては急に弱気になったりします。もちろん、わたしの見聞きした範囲のことですが。そのときに世界の狭さということを考えると、もっと主張すべきではないかと思うことがあります。今回わたしが子どもたちに自分の経験を通して説明できるかもしれないと思えることは、その表現者というもの、自分をどう表現するか、ということではないかと思っています。

子どもたちが知らず知らずのうちに自己規制してる、というふうにお考えですか？

率直にお答えしますすと、わかりません。しかし、会えば瞬時に子どもたちのことを見抜けるだろうと思います。そういうことは五感で判断できる性質のものですから。ただ、おそらく予感としては、子どもたちはいろんなものが抑制されているという気はします。

教室で実際に子どもたちと接してみると、それはいろいろわかってくる部分なのでしょうか？

今までわたしは英語やフランス語などが通じない国へ行ったときに、状況を五感で全てを読むという修練をしているんですね。例えばイスラムの国で駅に降りてその瞬間に、駅裏のそれなりに食べられるレストランなどを探すのは得意です。何か直感みたいなものが非常に発達しているとわたしは思うので、おそらく子どもたちのことも即時に読めるのではないかと思っています。

では、それを見つけたら、その自己規制というようなものを外してやろうという気持ちはありますか？

体質的にズコズコ言う方ですから、おそらく引っぱり出してしまうだろうと思っています。ですから、むしろ逆に子どもに接したときに、とっさの出来事ですから、わたしの言動が子ども心を傷つけなきゃいいがなという恐れも少しあります。

ファッションは言葉だ

寛斎さんの体験の中から今回の授業のテーマとして語れることがいっぱいあると思っているんですが、その中でも「自己表現」をテーマにスポットを当てるというのは？

一人の表現者として、プロデビューしてから何十年間もの間、自分の才能とは何だろう、もっと言うと自分って何だろうか、という突っ込みが自分に向かってすごくありました。どうもデザイナーという枠だけでは語りきれないという予感もしていました。この番組の中でもお見せしますが、ロシアのスーパーショーを実行したころから初めて自分がわかったし、自分の表現の方法論がわかりました。

そのときのわたしの年齢は、なんと織田信長が亡くなった歳と同じなのです。四八歳ぐらいですね。わたしは自分の方法を見つけるのにすごい時間がかかった表現者だったな、と思っています。

世間では「寛斎さんとはこういうタイプの人」「こんなにおいのする人」とか、わたしはたぶん色づけしやすいタイプのようですが、当人自身は、答えを見つけるのにずいぶん遠回りをしたように思います。

子どもたちなら、もし、わたしが語りきらない部分があったとしても、多感な心でそこのところを察知してもらえるんじゃないか、と思っています。

ファッションで自己表現をすることについてどうお考えですか?

着ているもので、この人とは呼吸が合うなあとか、ずいぶんこの人はコンサヴァティヴ(保守的)でたぶん意見が合わないだろうな、みたいなことが日本人どうしでも起こります。海外へ行きますと、さらに言葉の問題もあって、ファッションという表現手段はかなり重要なものになると思っています。

極端な言い方をすればファッションは言葉だっていうくらいの……。

はい、言葉です。今わたしはカメラに向かってしゃべっていることで何かを伝えようと思っているわけですが、しゃべる、それから表情、見せる、あるいはしぐさで見せる、あるいは叫んで見せる、そして服でもファッションでも見

せる、とまあいろんな方法論がある中の一つだとも思っています。

これからは自己表現が絶対的に必要

基本的な質問なんですが、では自己表現というのは何なのか、一体何のために必要なのでしょうか？

日本では、比較的画一的なものの考え方をしますから、「以心伝心」ということが可能です。しかし、価値観のぜんぜん違う国へ行きますと、言うべきことをはっきり言わないと、「えっ⁉」っていうことがよく起きます。無言のうちに了解済みなのに、ということは成立しません。ですから日本で美徳とされている比較的無言でいいみたいなことは、これから地球が狭くなるなかで言うと、絶対的に、絶対的っていい言葉だと思うんですが、必要な表現をするということが重要だろうというふうに思います。

では、これからの時代を生きていく子どもたちにとって、世界とつき合わなければいけないということでは、自己表現の手段を身につけなければならない？

はい。

もう一点は、例えば、明日何か出会いがある、あるいは大きな催しがあるとします。すると夜寝るときにいくらか支障になるくらいにいい意味のエキサイトする気持ちが働くのですね。これは人間の本能ではないかと思います。理屈抜きで自分をアッピールしよう、表現しようというときにはいい意味で感情が高ぶると思います。だから精神衛生にもいいのかもしれません。

その高ぶった状態での自分を伝えたいということですか？

ええ、伝えますよね。すると伝わった側からも違った答えが出てきて、そこにある種の高揚したコミュニケーションみたいなものが存在し得るのではないでしょうか。

では、高揚した関係のなかから生まれたりしてくるものを？

はい。そういうきっかけにもなると思います。

ロンドンで自己アッピール

初めてロンドンに行かれたときの話をうかがいたいのですが。

わたしが生まれて初めて行った海外というのはイギリスのロンドンでした。

繁華街、例えばこの近くですと渋谷とか原宿に、家から外に出てきた人が街にいっぱい集まります。するとそこでいろんなコミュニケーションができますよね。わたしはよその国でも同じだろうと思っていたんです。

ところが、ロンドンの有名な通りでキングスロードというのがありますが、これは表参道のような通りです。そこでは、わたしの格好について、道の両脇のお店の店員が「すばらしい」と言って飛んできて、ワイワイと言って褒《ほ》めてくれるのです。そりゃ人間だから褒められれば言葉の意味が正確にわからなくても、褒められていることはわかりますよね。だからわたしが覚えた英語というのはまず褒め言葉からだったのです。ふつう、一般的には外国語は汚い言葉から覚えると言いますけど。その通りから一歩裏へ入ると、いわゆる裏原宿的なのですが、もう、完全にふつうの住宅街になります。それで感じたことは、イギリスというのは、あるいはロンドンというのは、屋内文化である、と。パーティーとか何か人がする場合、家の中にみんなが集まって、お酒を飲んだりゲームをしたりします。家の外でワイワイするというのは日本の方がもっと激しい。そういう国だとわかったのです。

わたしがロンドンへ行ったのは二三、四歳のころでした。ロンドンのハイドパーク、東京でいうと明治神宮の森みたいなものですが、そこで上空を白い線を引っ張って飛んでいく旅客機を見て、さみしいと感じたことがあります。涙がどどーっと出て、早く帰りたいなあ、と思うようなことがありました。当時はまだ友人もありませんでしたから、どこを歩いていても一日中だれともしゃべらない。せいぜいしゃべるのは、たまさか入ったレストランのボーイさんに注文をしたり、お店を出るときに「ありがとう」と言うぐらいでした。ほんとに一週間もこんなにしゃべらない日々があったのかな、みたいなことがありました。

それが例えば、蛇皮《へびがわ》の上下、靴まで蛇皮みたいな格好で歩いていますと、ヒッピー的な親子とかに出会うのです。すると「おっ、その服かっこいいじゃん、どこで買ったの？」「いや、これはぼくがつくったんだよ」と始まり「ここへ来ていっしょに座らない？」とかさまざまな出会いの場に成り得たということですね。目立つとか、あるいは自分をアッピールするということが、日本国内の事情とよその国とは違うんだとわかりました。当時のわたしにとっては確実にある種、アッピールする服、主張度が高い服が必要不可欠でした。

それは寛斎さん自身に必要不可欠だった？

そうです。そうです。

日本国内ではそのような服装のときに、一体どんな反応だったのでしょうか？

見て、あの人変わってるわね

わたしがプロになろうとしていた二二、三歳のころ、わたしは有名になりたいという気持ちがすごく強くありました。それで、東京ではわたししかいない、というような格好をしていました。ドアを開けて家の外に出た瞬間から人々のさまざまな視線にさらされます。さりげない顔をしていますが、こっちもけっこう内心はドキドキですね。その服は自分でデザインしたもので、つまり自作自演、モデルもやって、そして人々の反応を読むというかマーケティングもするというか、そういうことを毎日続けていたわけです。

当時は目白駅から通っていて、山手線のプラットホームに立っていると、電車が入ってきます。すると最初の車両から順次わたしの格好に気づいていきます。わたしの立っている位置がプラットホームの真ん中だとしますと、車両の半分くらいの方がもうわたしに集中して見ているということです。だからすごい数の眼差《まなざ》しにさらされていたわけです。それで電車の中に入ると、通勤時間帯でしたから、乗っているのはおおむねはサラリーマンの人です。それがさまざまにわたしのことについて小声で囁《ささや》いているんですよ。

　また、目的地のオフィスは原宿にありましたので、わたしは表参道の坂を下りていきます。するとよく女性たちが腕を組んで歩いていて二〇～三〇メートル離れたところからわたしに気づいて、肘《ひじ》でコンコンと横の女性に合図しているのです。そしてお互いに顔を見合わせながら、わたしの格好について問答しています。

　そういう状況がしばしばありました。ですから、彼女らの声は聞こえているわけではないのですが、口の開き方、読唇術《どくしんじゅつ》というのでしょうか、それがいつの間にか自分の中に体得されました。彼女たちが何をしゃべっているかがわかるようになってきたのです。

　ちなみによく言われたのは「あっ、ちょっと見て見て、あの人変わってるわね。変じゃない？　おかしいわね」ということでした。その言葉は、拒否されているのと認められているという両面が混在しています。割合としては拒否度の方が高かったかもしれません。

　当時、わたしのそういう姿に理解を示して、勇気づけてくれる先輩がおりました。「寛斎さんね。彼らはみんな頭の中にタンスのような箱を持っています。寛斎さんのファッションは、彼らのその箱の中に入らないことです。電波をガガーンと強烈に送ってるんだから瞬間的に彼女たちの中でクラッシュが起きているのです。あなたのそれだけのエネルギーが彼女らに対して刺さっていって

るんだから、それはプラスの要素も絶対あります。どうかめげずにやってください」

わたしはめげている気持ちはもちろんなかったのですが……。

同じころ、ある百貨店にわたしのコーナーができました。当時、自分がつくった服をたたんで唐草模様の風呂敷に包んで自分で納品し、伝票を書いて売場においていただくという行動をしていました。ちょうどそのころ、同じような唐草模様のジャケットを着た東京ぼん太さんが人気を博していました。

店頭に並んだ自分の商品がデパート側もわたしもそんなに売れるとは思っていなかったのです。ところが売場から、堺正章さんとかデヴィ夫人とか著名な人が買っていったよ、という電話がたびたび入ったものですから、一方では受けている、ということも感じていました。

道を歩いているときとか電車の中での拒絶が強いということを寛斎さんは感じられてるわけですが、そのときはどんな思いだったんでしょう?

日本にいるときはとにかくこれがいちばんベストとわたしが信じている状態ですから、まあ、しゃあないと思っていました。

イギリスでは、わたしが街を歩くと、沿道の店から人が出てきて褒め言葉をくれます。ですから、国によって感じ方って本当に違うんだなと思いました。日本でビジネスの数字にならなくても、仮にですよ、日本で一〇着しか売れないとしてもファッションの進んだ国が何か国かあればその合計の数字が得られる。するとわたしは十分食べていけるんだなあと思いました。もし日本で一〇〇着売れるのが食べていける限界だとした場合、それなら問題ないなっていうふうに思いました。

子どもたちの多感な感性を揺さぶりたい

寛斎さんにとってはファッションデザイナーとしてデビューしていくためには、目立つということが必要だったわけですね。
授業の話に戻しますが、では子どもたちに目立つということを教えるとすればその意味というか目立つとは何だろうということについてお話いただけたら。

ファッションにおけるメッセージ、主張度が強かったというのはそのときの時代のうねりというのも関係しています。世界的に言いますと、ビートルズが出たり、まだマイケル・ジャクソンは出ていなかったんですが、ロックの音楽が非常に元気なときであり、世の中そのものも元気でした。その裏側にはベトナム戦争の真っ最中で、かつての体制から新しいものをみんなが夢見た時期で

もありました。ですから、目立つくらいに挑戦的なことをやるのが大きな世界の流れとしてはかなり正しかったのではないかという気がします。

社会のエネルギーというのはぜんぜん比べものになりません。当時の方がすごかったということです。

この番組でわたしは子どもたちに、必ずしも目立ってほしいと言おうとするつもりではありません。

子どもたちに自己表現をしてほしい。それも強いボルテージで。今すぐ彼らがそれをできる状態だとは思っていませんが。

自分のことで言いますと、四八歳まで悩みに悩み抜いて、自分の姿や自分のクリエイションの道を見つけたわけです。実はその出発点は、小学校の後半から中学、高校にあると思っています。その体験は何かといいますと、応援団長を六年間、生徒会の役員を何年か、それから水泳部で県の大会に出たりしたことです。オリンピックの前畑選手の息子さんといっしょに出て、彼が一位でわたしが二位でした。

このように自分が見えたのは四十数歳のときですが、原形は少年期にありました。少年期というのは非常に多感なときで、吸収の時期だと思います。ですから、この番組もいつかシリーズが終わってちょっと長い距離で見たときに、今回わたしが出演して子どもたちと触れ合ったことで、彼らに何が残るんだろうかと考えれば、おそらくディテールも何も残らないでしょう。ただわたしを見て、見たことのないタイプの人がいるんだと伝わればそれでいいのではないか、と思っています。

今、子どもたちはいろんなものを見聞きしていると思います。先生あるいはご両親から、またテレビなどからいろんな情報が入っていると思います。しかし、表現するということを会得《えとく》しつつあるときに、情報量にくらべて表現の方のお手本の幅は非常に狭いのではないかという気がします。

わたしを彼らが見て、ひょっとしたら、いやだなぁと思うか、恥ずかしいなぁと思うか、かっこいいなぁ、と思うかそれはわかりませんが、見たことのないタイプの人がいることを示して、一度その子どもたちの多感な感性を、「ぐわははははっ」と揺すぶってみたいな、というふうに思っています。

「我ここにあり」

デビューのときの挑戦で、寛斎さんの中から出てきたものは何だったんでしょう？

今だとだいぶ趣が変わるんでしょうが、わたしたちがデビューしたときはどちらかというとフランスのデザイナーの大御所の名前があがって、カルダン先生、サンローラン先生に比べて「日本のデザイナーはねえ」というような時代でした。

例えば女性週刊誌などは、中の文は日本語なのに表紙は外国人のモデルばかりみたいな時代でした。それに対してわたしは西欧のクリエイターが先頭を走っていて、わたしたちはまだ認知されてはいないんだけれども、ほとんど互角の能力を持っていると自覚していました。それで、自ら出ていって声高に「どうじゃあ！」と叫んで証明したいというか、もっと平たく言えば「我ここにあり」ですね。そういう気持ちが強かったと思います。

〝たら〟〝れば〟ですいませんが、ちょっと質問してみたいんですが。寛斎さんはロンドンに行かれて世界に飛び出すきっかけをつくられましたが、もし、ロンドンで認められなかったら寛斎さんは一体どうしていたんでしょう？

そのことは、最近こそ考えませんが、一〇年くらい前には考えていたでしょうか。もしわたしが海外への挑戦を一切しなかったら、今ごろビジネスが成功してお金が貯まって、この原宿界隈《かいわい》の不動産をずいぶん買っていて、ビルもポンポンとつくっていたかもしれないな、と思ったときもあります。たぶんバブル期で日本経済がかっこよく見えたときだったと思います。

あくまでもそうだったらの話ですよ。本当はぜんぜんそんなことは思っておりませんでした。やはり海外に出て、自分の希望に対して自然体で取り組めたという過去を持ったということは、失敗や負け戦《いくさ》、勝ち戦の例などいろいろありますが、それはわたしの道であったし、悔いがない、まったくいい道を歩いてこれたなあ、というふうに思っています。

今の生き方にも通じると思うんですが、ファッションデザインとしてショーを見せるということが自己表現なんだ、とおっしゃる意味についてお聞かせください。

例えば、モスクワの市長にお会いして赤の広場を貸してくださいとお願いするようなときに、相手は当然わたしが何者であるかおわかりにならないわけです。最初に自己紹介するとしたら必ずこのように言うようにしています。

「わたしはファッションデザイナーでもありますが、世界で最もショーマンシップの高い情熱を持っておりまして、約一時間半ほどの時間を思い描いてもら

うとすれば、ついこの前の長野オリンピックの開会式、あの選手の入場行進というようなショーをもっと華麗《かれい》に、そして振幅《しんぷく》も大きく演出できる演出家の一人であると思っています」

では、果たしてファッションデザイナーとしての位置づけはどうかといいますと、当然ファッションデザインは本業ですが、それは全体を表現するうちの一つのパートだと思っています。

わたし自身を見つけるために、わたし個人としては「悩んだ苦しんだ」で済むわけですが、わたしの活動は当然企業でもあったわけです。だから数字をどう組み立ててビジネスとして成立させていくかということと同時に、わたしが揺《ゆ》れたり躓《つまず》いたり失敗したりという歴史があったわけです。血と汗と何とかの涙と言ってもまだ言い足りないというくらい過激に、自分を探すというストーリーが事実存在しました。

わたしの本業の一つで、例えば、テレビをデザインするとか、あるいは時計をデザインするとか、いろいろ生活にかかわるものをデザインしておりますが、一般的には、発案するときに比較的物から入っている場合が多いと気づいています。物を物として捉えている。わたしの場合では、デザインする発想の根本に、「人間主体」を置いています。つまり、人間の心の反映にデザインの「かたち」があるという考え方をしていますので、非常に優れた新しい思想の持ち主だなというふうに自分を分析しております。

ですから、わたしの大テーマは何かというと、イベントを、スーパーショーをやるときも、「人間讃歌」と言っております。今後のデザイン活動のすべての核は人間讃歌かなというふうに思っています。

仮に二〇世紀を「便利な時代」だとか、「デザインの時代」だとか、あるいは「テレビの時代」だとかいろんな分析ができるとすれば、二一世紀は、もっと「人が生きる」ということをいろんな角度から追求する時代のような気がします。そういうことでは、わたしは先覚者的なところに目を付けて、今行動をしつつあるな、という感じですね。

話は飛びますが、近々、東京に面白いアミューズメントの大きな場所がまた一つできるそうです。ラスベガスから設計者を招いて、そういう企画を推進されるということですが、それを聞いたときに、わたしならば逆にそのラスベガスへ行って、アイデアを出す人たちに「ヒエーッ」と言わせてみたい、そういうことをすごく自然体で思うわけです。

それで次なるわたしのイベントは、日本の岐阜。その前にプレイベントとして、あのラスベガスのメインストリートで信長の行列のようなものでどっと歩いて、

世界中からラスベガスのエンターテインメントを見ようと思って来た人たちが「ひゃあ、こんな美があるんだ」と言わせるようなチャレンジをしたいなと思っています。

そういうことをほかの人がどう思われるかわかりませんが、自分では、「うん！　いける！」みたいなところがやはりあるんですね。するとやたら元気になりまして、そのための資金を集める活動も「是非お願いします」というような健康路線で、協力を仰げるというのですか。たぶん相当面白いことをわたしがつくり出せるということに、自分が楽しんでるのではないかという気がします。

迷ったら新しい方をやれ

わたしのふだんの生活は、一〇時ごろ休んで、朝起きるのは五時です。七時間寝ておりますが夜中の二時半ごろから一時間半ぐらい起きる習慣があります。その間に、いつもは考えていない議題や問題点みたいなものを、暗い部屋の中で深く考えるというような習慣にしております。

寛斎さんのような生き方をし続けていくのは勇気が必要ではないかと思うのですが、勇気について少しお話をしてください。

今回、こういうふうに長時間画面に出させていただくと、元気系の寛斎がたくさん映ると思うのですが、わたし自身、ものすごく沈み込んで、長い期間、体力がないような腑抜《ふぬ》けた時期を体験したこともあります。それから、こんなことやっていて何になるんだろう、というように思いつめたこともあります。

昨夜、夜中に考えておりましたのは、そういえばロシア以来海外で三つのショーをやるときに資金集めであまりにも苦しんで、人間ってどういうときに悩むんだろうか、という分析をした時期がありました。その答えを出さないままに今日まで来ておりまして、あのときにもうちょっとで答えが出せたかなあというふうに思って、それを思い出そうとしていました。

ああしたいこうしたいという夢を持ったときは、そのときに出てくる悩みも何とかクリアしちゃおうとします。なぜ人間は悩むんだろうか、それさえわかってしまえば悩みというのは克服できるみたいな。うまく言えないんですが、チャレンジするときは黙ってても勇気のようなものがついて回るのではないかと思います。夢を持つこと、それからそれに向かってしゃにむに行動すること、それから、迷ったら新しい方をやれ。「デザインで迷ったら必ず新しい方を取りたまえ」と

自分で言っていました。

最近では、クリエイションをすることと、それがビジネスとしてどうだということの調和がとれるようになってきていると思います。夢だけポーンとでかい青春期は、もう過ぎておりますので。

この世界に何十年か身を置いて、その間、世界中のデザイナーが、あるいは世界中のファッションメーカーがいろんなものを出したのを見てきたのですが、それで一体何が起こっていたのかということを自分で問うてみるわけです。そしたら、かつては「あかんぞえ」というタブー、これがどんどん外れてきてるのですね。

今はもう当たり前で言うのもおかしいくらいなんですが、Tシャツ、あれはかつては肌着でした。わたしたちが「お父ちゃんの、じっちゃんのラクダのシャツ」とか言っていた時代、あるいはももひきとか。それをご婦人に見せるのさえダメだったのではないですか。それが今やまったくオープンになったこととか。それから女性の下着で黒のブラジャーとかショーツというのがありますが、これは少なくとも我々の青春期は、どちらかというと特別な仕事の婦人しか身につけていなかったように思います。

昨今の茶髪《ちゃぱつ》、髪の毛を染めるということも、当時ならどちらかというと例外に当たる。また、つい最近のことで言うと、スリップのようなドレスが平気で街に出てくるのもかつてなかったことだと思います。

わたしたちがデザイナーになったときは、Vネックのデザインをするときに V の開きを開けすぎてはだめだ、ということをさかんに先輩から教えられました。それは日本人は肉体を露出すること、見せることが恥ずかしいということでしたが、ところが昨今は「寄せて上げて、それでもっとぴったり」でどっと見せるみたいなものがありますよね。

とにかく今まで、こうだったああだったというものが崩れていって、それが正しいというふうに進んでいると思います。ですから、あまり保守的な考え方になるのは、きわめて危険かなと思います。

もう一つの面もお話しします。中学校へ入り立てのころ、わたしは器楽部に所属していて、コントラバスをやっていました。それとハーモニカです。打ち合わせのときに、わたしは中学一年生だったのですが、二年か三年の先輩から注意を受けて、これはいまだに忘れません。

それはわたしが、こうやって腕組みしてしゃべっていたのです。そしたら「自分より目上の人には絶対腕を組むな」ということを言われまして、非常に驚いて、それ以後はそういうことはしないようにしています。テレビを見ていると、今では出演者の中にもそのようなことで、ちょっと気になるかな、というのが率直なわたしの気分です。

細かいことになりますが、あくびをするときに手を当てるとか、遠慮気味にするということがまったくなくなって、人前でも堂々とするような現象が出てきたりする。こういうのはけっこう気になる方です。

授業　一時間目

ファッションは自己表現

寛斎さんの母校は、岐阜市の中心に位置する岐阜市立明徳小学校。さわぐるみの大木が、一二〇年に及ぶ明徳小学校の歴史を見守り続けてきた。授業の日の朝、このさわぐるみの木の周辺を、毎朝自主的に掃除する子どもたちがいた。彼らが寛斎さんの後輩、今日の課外授業を受ける六年生の子どもたちだ。

「いや、緊張してておしっこしたい！　ぐわっはっはっは」と笑いながら、寛斎さんは、エネルギーいっぱいで登校してきた。寛斎さんが母校を訪れるのは、四二年ぶりのことだ。

何着ていこうかと、どきどきした？

自己紹介

「おはよう！」と大きな声で、笑いながら教室の戸を開けた寛斎さんは、子どもたちに盛大な拍手で迎えられた。笑顔ながらしっかりした目つきで教室の子どもたちを見渡し、そして子どもたち一人ひとり全員と握手を交わす。子どもたちは自分の名前を言って、「よろしくお願いします」とあいさつをした。緊張気味の授業のスタートだった。

寛斎　四十数年ぶりにこの小学校に来ました。わたしは今と同じようにこちらの教壇側に何度も立ちました。なぜかというと、父の仕事の関係、家庭の事情で、明徳小学校に来る前に一二、三回も転校

しました。そのたびに、転校のあいさつ、「山本寛斎《かんさい》です」と自己紹介を教壇に立ってしたからです。

字を書きます。（黒板に大きく「山本寛斎」と書く）寛《かん》というのは、寛《かん》大《だい》の寛。つまり、やさしいということです。斎《さい》というのは、それをもう一回「よいしょ」する（強調する）という言葉の意味で、本当にやさしい人っていうことです。了解した？

子どもたち（うなずく）

寛斎　君たちのほとんどは、一九八六年生まれだから、わたしとは四二歳違いですね。わたしは小学校後半の二年、中学・高校と八年間、岐阜《ぎふ》に住んでいました。ちなみに織田信長も、岐阜にいたのは八年間だそうです。

そのころ、テレビなどで情報が入ると、岐阜は寂しい街で、早く東京へ行きたいな、と思っていました。しかし、今日、久しぶりに街に着いて、新鮮な部分も出てきたなと感じます。近くに、ナウい自転車屋さんがありました。岐阜にも東京の原宿のような新しいタ

岐阜市街

イプのブティックなどもできて、若い世代の人がいっぱいいいました。

今日、着てきた服

寛斎（子どもたちの服装を見渡しながら）今日はいつもと違う服装をしているの？（「いつもと同じ」と子どもたちの声）

みんなそれぞれに、友だちでかっこいいと思う人のことを言ってみてください。だれをかっこいいと思うか？（子どもたちは、順々に、だれがかっこいいかを言っていく）

じゃ今度は、言われた人が、自分以外のいいと思う友だちを言ってみて。（リレーのように、次々に名前があがっていく）

では、指名するときに、どこがかっこいいと思ったかという理由も言ってくれるかな。（「肩に三本の線が入っているところ」「似合っている」「小さくて白い色がいい」「いっぱい線が入っている」「色が一色だから」「何も柄が入ってないから」などなど）

では、今日自分の着てきた服のどこがいいと思うかを、自分自身

かっこいいと思う人をリレーで

についても言ってください。（「色がカラフル」「服に字がいっぱい描いてある」「自分がかっこよく見える」「上下の組み合わせがいい」「暑いときや寒いときの調節ができる」「動きやすい」などなど）

ファッションの喜び

寛斎　今日ここへ来る前に、君たち全員の写真とデザイン画が東京に送られてきていました。それを見て、一つ疑問に思ったことがある。男の子の髪が、みんな、まっすぐ下に下りているね。それは、なぜ？

男子　髪を切ってもらったまま、朝起きて、何もしないでそのまま学校へ行けるから。

寛斎　別の質問だけど、今日は、いつもと違う気分だと思う人、手を挙げて。今日はおしゃれしているなと、思う人？（「いつもと変わらない」との子どもたちの声。寛斎さんは不審そうな顔つき）

今日のみんなの服装を見ていると、だれもほとんど合格で、わた

しが何も言うことないかなという感じを持ちました。君たちには、別にガン！　と特殊な服装をする必要はないのだから。

もう一度きかせて。この中で、今日はがんばっておしゃれしてきているぞ、と思う人？　いない？

子どもたち　していません。

寛斎　もう一度言うよ。夕べ、今日のおしゃれのことをいろいろ想像して、気分が高まった人？　明日みんなにどんなふうに見られるかなと考えて、ドキドキした人？（今度ははっきりと数人が手を挙げる）

女子　昨日の夜は、みんながどう思うかを考えてドキドキして、眠れませんでした。

寛斎　同じように思った人は？

女子　みんながどんな服を着てくるかということと、わたしがみんなにはどう見られるかを考えました。

寛斎　こういう服を着て、みんながどう思ってくれるかなと思うこと、それがおしゃれすることの喜び、ファッションの喜びかなと思

います。

そして、毎日毎日そうやっているとどうなるか？　どう思う？

男子　毎日、ドキドキしながら考えていくと、特別におしゃれを考えなくても、これは気にいったからこれを着ていこうかなとか、自然にファッションするようになっていくと思います。

最近つくった服

寛斎　わたしが最近つくった服を見せます。廊下《ろうか》にあるので、だれか手伝って持ってきて。（子どもたち三人で運び入れる）

（三着が運ばれて、まず一着を示し）発表するよ。これは、数年前に、ロシアでとても大きなショーをやったときに発表したうちの一つです。この服は現在は富士吉田市に寄贈されていて、今日はそれを久々に借りてきました。

これのおいしさは、普通、ここまでリッチに豪華にしないでしょ。これは絵が立体的に出てきています。

ストライプ、斜《なな》めの縞《しま》は、ネクタイの生地《きじ》でできています。

次に、これを（二着目）説明します。これもロシアで発表したものですが、ここに五層の布が重なっています。断面を見ると、五重になっている。途中途中に切れ目を入れて、それで何枚目か、二枚目の場合もあるし、三枚目のときもあるが、そこに中の色が出てきている。だから、服をつくると五着分の布が必要なわけ。

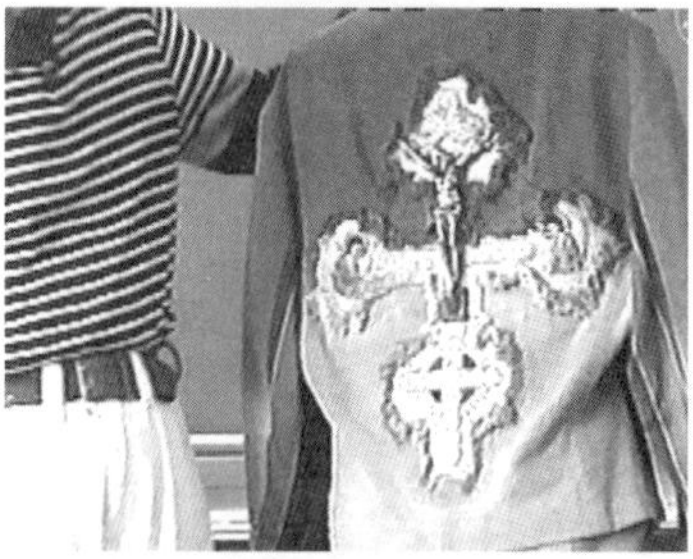

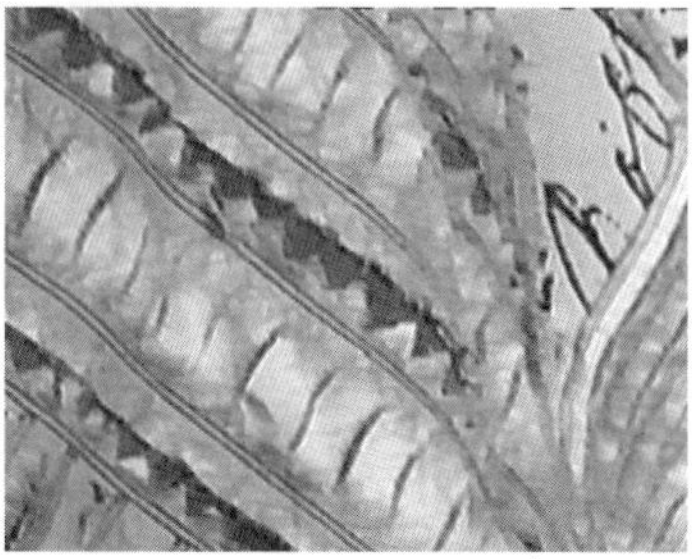

（三着目を示しながら）これ、何だと思う？

刺繍《ししゅう》ってわかる？　昔は世界中で、これを手でやっていました。柄は、マリアさんとキリストです。ロシアの宗教のイコンを刺繍したものです。裏側にもありますよ。これは太陽ですが、ミシン刺繍では世界中でいちばんレベルの高いものです。

最近みんなは食べるかどうかわかりませんが、この素材は、ある食べ物の皮でできています。何だと思う？　果物《くだもの》だけど。

男子　ミカン。

寛斎　おお、いい線行っているな。正解じゃないけど。

男子　レモン。

寛斎　もうちょい。

男子　バナナだと思います。

寛斎　正解。

ファッションって何だろう？

寛斎　服を見せたり、少し話をしてきたけど、ファッションって、みんな、何だと思う？　おっ、そこで、だれかいいこと言ってるな。

男子　服を楽しむ。

男子　自分をアッピールする。

寛斎　おお、いい感じだな。ほぉ、だんだんちょっとエンジンがかかってきたなー。はい。

女子　自分をかっこよく見せる。

寛斎　自分をかっこよく見せる、よっしゃ、よっしゃー。わたしが言いたかったのは、自分を見せるということ、自分を表現するということ。それが今回の授業の大テーマです。

　黒板に書くよ。自分というのは、自己。自己表現という言葉、聞いたことありますか？　自分を表現するということは、イコール、自分というのは、どういう良さがあるの？　どこがおいしいの？　おいしいって意味わかる？　それを今回、クリアしてみたい。

寛斎さんが君たちの年頃のときには、制服がありました。ふつう、黒の上下の詰《つ》め襟《えり》の服が、ウールでできているんです。ところが、わたしの場合は、綿《めん》の上下だったの。貧乏という理由で。綿は何度も洗っていると、擦《す》れてGパンのように白っぽくなっちゃう。どうやってかっこよく見せようかなと、相当に悩んで考えて、結論は、上の黒の学生服に対して、下は体操のときの白いトレパンをコーディネートした。その晩は、むちゃくちゃ、ドキドキハラハラ。ワクワクしたわけだ。ということで、四十数年前のことだけど、すごく覚えています。

（パネルを取り出して）ジャジャジャジャーン！　これは、小学校四年生のときの写真です。服は違うけ

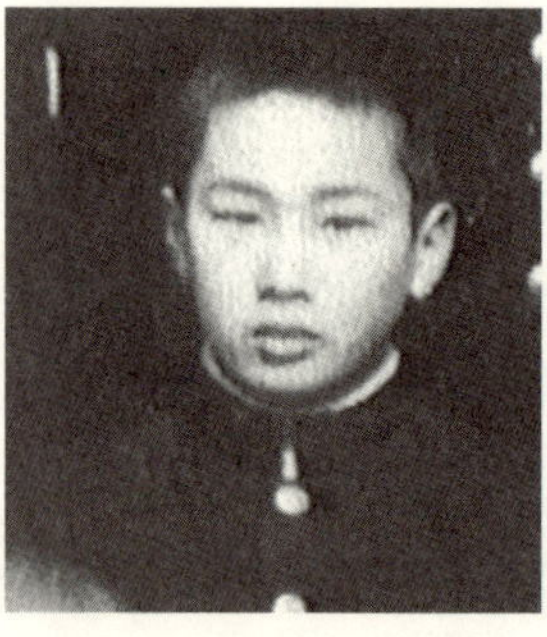

ど。

長良川《ながらがわ》の向こうから小学校に通っていました。歩いてではなく、渡し船に乗って川を渡っていました。じっちゃんが竹の竿《さお》で漕《こ》いで。これで五円くらい払うの。

写真見て、今とだいぶ違う？　感想言ってみて。

女子　ぜんぜん違う。小さい頃は元気いっぱい遊んでいそうな感じで、今は……かっこいい。

寛斎　なんか無理してるような感じがするな。ありがとう。

男子　昔は、服の色から言ってもおとなしそうな感じですが、今は服もしましまで、派手な感じがします。

応援歌

寛斎　寛斎さんの得意なことは、長野オリンピックの開会式入場行進やマイケル・ジャクソンみたいなことよりも、もっとすごい演出ができることです。この内気な小学生からどうやってそうなったか。

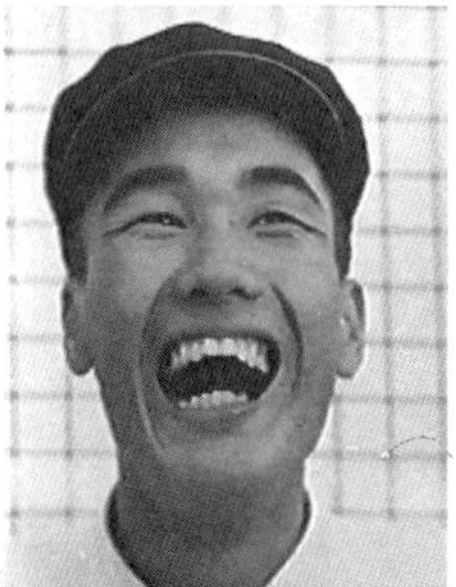

中学校のとき、応援団長をしました。この小学校でも、応援団をやる？　ちょっとやってみてよ。

男子　はやっている歌などの替え歌をつくって、振り付けをしたりします。

数人が前に出てきて、全員で応援歌を歌った。元気な大きな声で、振り付けもみんながそろっている。

寛斎　すごいねえ。（拍手）いやー、まいったなあ。

応援団長していたときに、（寛斎さんは低くかがんで、子どもたちをにらみつけるような目で見渡しながら）こうやって目をぐっと見て呼吸を合わせて、今は静かに行こうとか、このときに高く行こうとか、その「間《ま》」を覚えていったのですね。

だから、そのときに学んだ目と目の呼吸というもの、それを大人

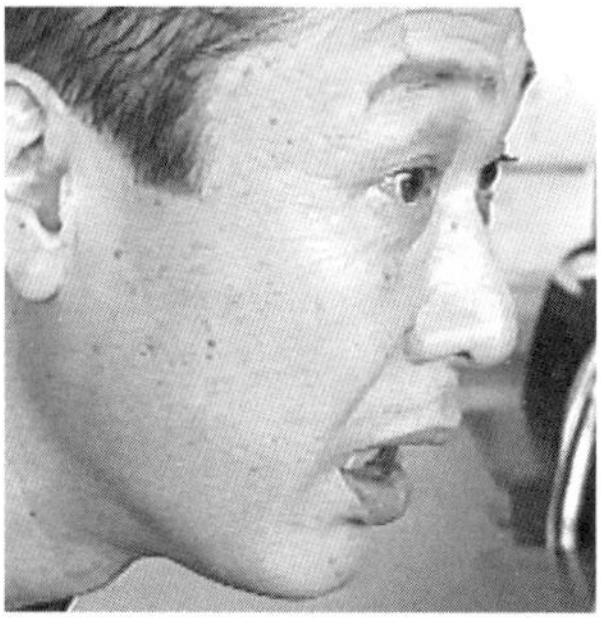

になってやっているショーのときに使っているの。そういうことを寛斎さんがいちばん学んだのは、中学や高校のその時期でした。

君たちより先にやっておけばよかったんだけど、というのは、君たちほどうまくいくかわかんないけど、応援団をやってみようか。

寛斎さん、子どもたちに負けていない大きな声で、当時の応援をみんなの前で再現した。

寛斎さんの若いころのファッション

寛斎　おしゃれで自分をアッピールするとか、みんなの前でこうやって（手を広げて）アッピールする。自分を表現する。これがどんどんどんどんおもしろくなっていって、もうちょっと大人になったときに、寛斎さんがどういう格好をしたかという写真を見せるよ！見たい？

子どもたち　（ざわざわ）見たい！

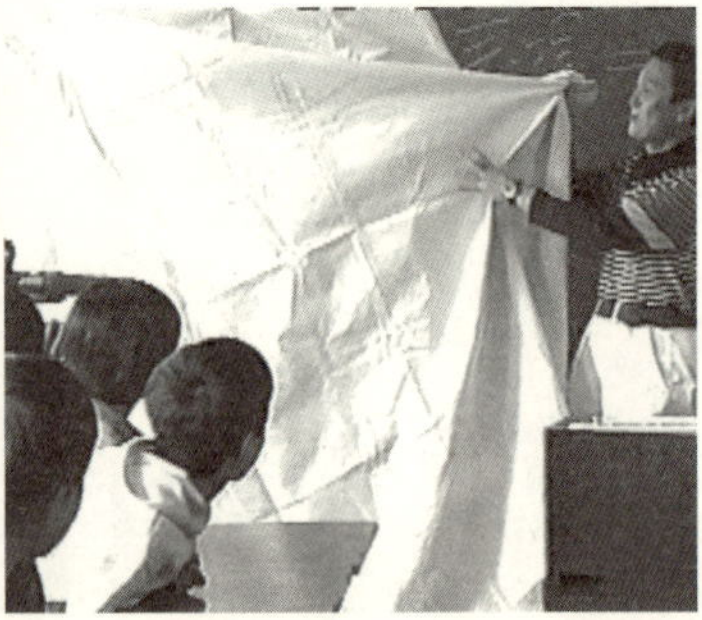

寛斎　はい、いくよー。

布で覆われた大きなパネルが子どもたちの前に登場し、その覆いがはずされると、子どもたちにざわめきと笑いが起こる。子どもたちは立ち上がって、パネルの前に寄ってきて、見ている。

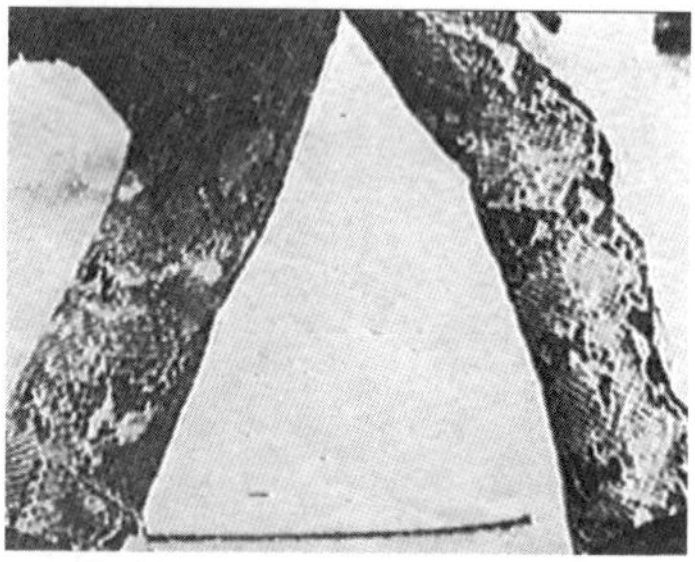

寛斎　（パネルを見せながら）これはロンドンからニューヨークへ行ったときに写した写真なんだけど、歳は二三か四くらいだったと思う。髭《ひげ》が生えてる。それからこの髪の毛は、ちりちりになっているんだけど、今だと茶髪《ちゃぱつ》を見るでしょ？　このころは髪の毛はみーんな真っ黒だったの。

これは、「アフロヘア」といいます。着てるものは、靴《くつ》まで「蛇《へび》皮《がわ》」です。

このころにもう一枚撮った写真があるから、お見せするよ。だれだかわかる？

これを説明すると、細い赤いニットのパンツと、夏着るランニングと、ブーツはここまで、それでこの星は銀です。イヤリングに羽根をつけてる。

これの感想きこうか。

男子　下が赤だったりして、派手に見える。

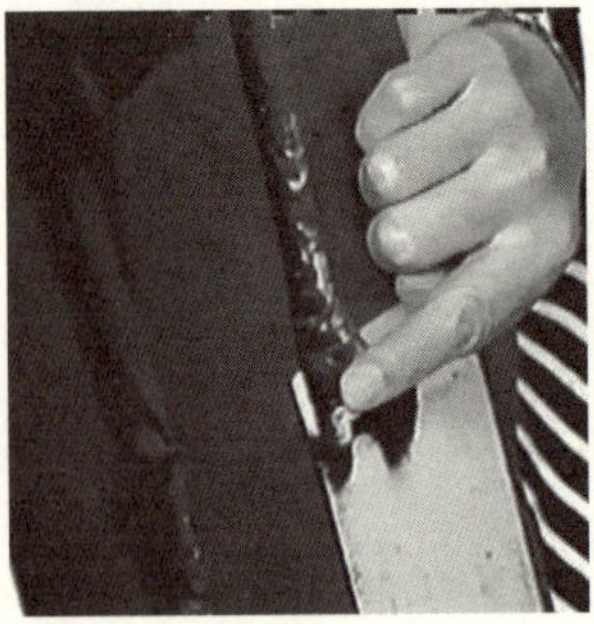

この星は銀です

寛斎「表参道《おもてさんどう》」って、わかる？　あそこへ、こういう格好でわたしが歩くと、女の子が向こうの方から来る。すると、わたしの格好に気づいて、「あの人見て見て！　ちょっとおかしくない？　変わってるわね、ばかみたい」とかって言ってるわけさ。

ところが、この格好で（パネルを見せる）生まれて初めてイギリスへ行ってみた。そしたら、これは「ライフ」という世界的な雑誌の

一ページなんだけど「かっこいい男性」ということで写っちゃった。

子どもたち　すごい！

寛斎　感想は？

男子　日本で受けなかったものが、外国へ行くと、ファッションのセンスも違って褒《ほ》められることもある。

寛斎　そのとおりだね。それで君たちも、ご両親や先生に、自分の好きな格好をしていると、息子よ、娘よ、そんな格好するなと注意を受けることがあると思う。

　けど、ちょっと大げさに言ったら、日本で正しくても、外国へ行ったらダメということもある。逆に日本でダメでも外国でいいと言われることもある。世界は広いんだな、と思う。

　これで、一時間目の授業は終わり。ごくろうさま、ありがとう。

寛斎さんの一時間目の感想

寛斎　たぶんね、わたしの方がペースを乱されています。理由は、

子どもたちにはわからないだろうと思っていたことが、彼らは本能的にマスターしちゃってるというか、わたしたちよりかなりの部分で進化しています。

先ほどの応援団のわたしにしては過激な実演をしてみたら、彼らが驚くかなと思っていたら、彼らのやったことの方がわたしよりも過激で、正直言うと自分の方が負けた感じです。それぐらいのアッピール度があった。

敵さんは、「なめたらあかんぜよ」という感じがしたこと、それがわたしの今の印象です。ただ自分たちの走ってる位置というか、世界の中での環境についてはもちろん彼らはわかっていません。自《じ》己分析《こぶんせき》はできていません。それ以外はこちらがたじたじという感じで、久しぶりに体に汗をかいた試合でした。

次の試合はどんな展開になりそうでしょう?

白熱していくんじゃないでしょうか。教えるつもりがわたしがけっこう学んでいる感じがなきにしもあらずです。

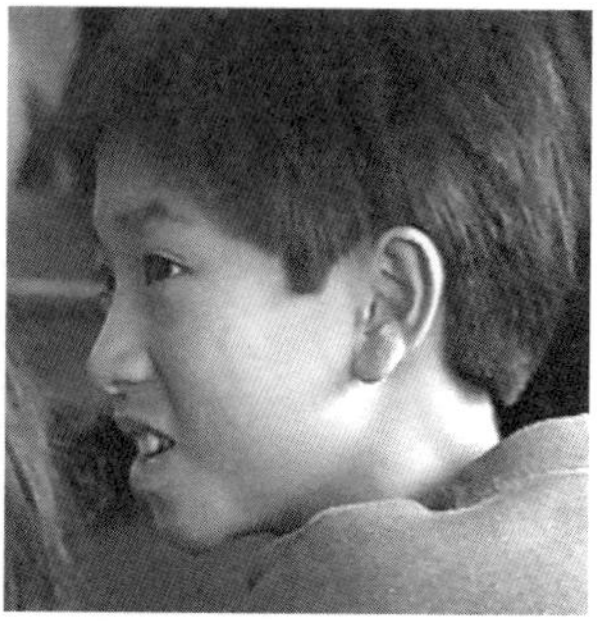

授業　二時間目
スーパーショーを観る

寛斎さんは、世界各地で指揮したスーパーショーがどんなものかを子どもたちにぜひ観てもらおうと、ビデオを用意した。ロシア・ベトナム・インドでのショーを短く編集してある。

ビデオが始まると、寛斎さんは、それを見つめる子どもたちの様子を真剣に観察しながら、ところどころで短い説明を加える。

静止画ではこの迫力は伝わらないが、読者にもその雰囲気をお伝えしたくて、山本寛斎事務所からの提供を受けて写真集にまとめた。

ビデオでスーパーショーを観る

寛斎　これからビデオを見せます。ロシア、ベトナム、インド、この三か所でやったショーです。

ロシアでは一二万人、ベトナムでは二〇万人が集まった。それは、今までどこの国でもその国の最大のショーになっています。

こういうことをするときに、必要なことが大きく言って三つあります。

一つは、これらの当事国の政府から許可をもらうこと。大臣とか外務省の人とも会って、なぜこういうふうなことをやりたいか、はっきりと説明することが大切。それからすごい大きなお金が必要。三つ目はどういうものを見せるかということを考えること。それではビデオを見てもらう方がよさそうだから始めよう。

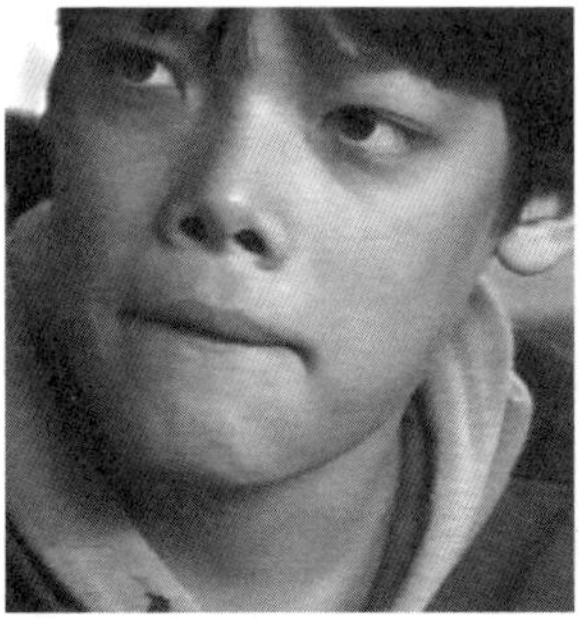

「ハロー・ロシア」は一九九三年六月五日（土）午後一〇時〜一二時、モスクワ赤の広場・聖ワシリー寺院前で一二万人の観客を集めて開催された。

　一〇〇本を超える大たいまつ、相馬野馬追《そうまのまお》いの青年たち、女性の炎太鼓、静岡県三ヶ日町の手筒花火、そして一年かけて創作したファッション群、それらの音、光、ファッションなどなどのあらゆる手段で五感に訴える「スーパーショー」である。

「これはクレーンが上がっています。一〇〇メートルの高さ」「日本で初めての女性だけの太鼓のグループで、この人のお子さんは大学生」「この布は、クレーンで引っ

張っています」「この黒い服の人は軍隊の青年。この天使は現地の三歳の子ども」「馬に乗った日本の侍《さむらい》。武者が出てきました」「フィナーレの最後です。このモデルたちが大きな大きな一枚のTシャツに二人入ってる。仲良くしようという意味です。この色がロシアの国旗の色と日本の国旗の色を出してます」

寛斎さんの、ビデオを観る子どもたちへの解説。

ハロー・ベトナム

「ハロー・ベトナム」は、一九九五年一〇月二八日(土)午後七~九時、ベトナム社会主義共和国ハノイ市レーニン公園バイマウ湖上で開催。観客二〇万人。世界でも稀《まれ》な湖上でのスーパーイベントだった。

「それでフィナーレの紙吹雪は、紙ではなく、春巻きの素材、米でできている。水の中へ落ちたら魚の餌《えさ》になるようにと、つまり公害にしないように考えられている」と寛斎さんは子どもたちに説明した。

「花火は大臣が許可してくれなかった。あとで怒られるかもしれないけど、黙って『えいやっ』と、打っちゃった。そしたら、すごくよかったんで、何も文句が出なかった。感謝を言われた」

ハロー・インディア

ビデオを見た子どもたちの感想

女子　お金がかかっていると思うのに無料でたくさんの人をよんで、ただのファッションショーではなくて、花火とかも打ち上げていてとても楽しかった。

男子　ショーの中に動物なども出てきたり、地元の人と仲良くいっしょにやっているのがいいと思いました。

男子　ベトナムで花火が禁止されているのに、それをやってしまう寛斎さんはすごいと思いました。

男子　インドまで行って大勢の前で叫んでいる寛斎さんはすごい。

男子　豪快なショーだった。

女子　ファッションショーというのは舞台に人が出てくるものだと思っていたのに、いろんな道具がいっぱい出てきてぜんぜんスケールが違った。

女子　今までは、寛斎さんはこんなことをしている人だとは知らなかったけど、すごく大きなショーをして、みんなに感謝されている人だからすごいと思いました。

男子　ベトナムの湖で公害にならないように考えたところがとてもよかった。

男子　ただのファッションショーではなくてその国との友好を深めるという意味があるところがいいと思いました。

男子　それぞれの国の地形を生かしたところがよかった。

寛斎さんの「人間讃歌」というテーマ

寛斎　教室の後ろに「夢」「自分への挑戦」「がんばろう」などという言葉が書いてありますね。それはわたしがふだん考えていることと同じで、それ全部がわたしがわたし自身のテーマです。全く同じです。スーパーショーで訴えたいことは、人間のがんばる姿ってすごいということです。だから「人間讃歌」というテーマを付けています。「課外授業ようこそ先輩」の一つで、元オリンピックマラソン選手の増田明美さんの番組ビデオを見ました。その中でビリの選手で体を傾けながら完走した人がいました。そのことはわたしも知っていましたが、改めてそのシーンを見たときに、一位を取るのではなくて、いちばんビリの人がエネルギーを絞《しぼ》ってトラックに現れ、ゴールインする。そのシーンでは、わたしだけではなく、テレビを見ている全ての人がものすごい声援をしました。もちろん一位を取るのはいいことかもしれません。しかし、「自分がこうしたい」と思ったら無茶苦茶それを手に入れるまでがんばるということが重要だと思います。

わたしには元気なところばかりではなく、暗いところもあります。けれども、どうしたら元気になれるかというと、自分がこうなりたいな、ああしたいな、こんなことやってみたいなという夢を先に描くことです。

君たちが本気でなりたいなと思ったら実現します。不可能というのは自分がつくっちゃってることだと思います。

授業　三時間目

自己アッピールの実現について

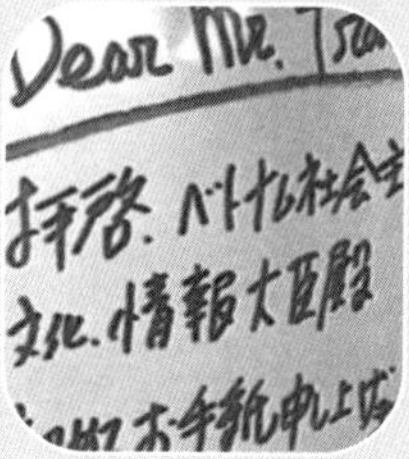

「課外授業ようこそ先輩」では、各界の第一線活躍者がそのプロフェッショナルの最高のものを子どもたちに見せる。本書シリーズの第1～10巻（既刊）をご覧いただければすぐわかるように、授業のための準備が生半可ではない。わたしたち視聴者・読者には、子どもたちに与えられる体験が羨ましい限りに思える。講師の授業準備への力の入れ方を知るだけでも、すでにわたしたちの心を打つものがある。

この番組の寛斎さんも、スーパーショーのビデオを子どもたちに見せるために用意し、担任の先生のファッションをデザインし、また、外国大使館へのお願い状を揃えた。

担任の先生、寛斎ファッションで登場

寛斎　さて今から、寛斎さんのデザインした服を着てもらった人に登場してもらうよ。

それを見て、君たちが感じたとおりのことを言ってみてください。できるだけ、見て思ったとおりに反応してください。

寛斎さんの合図で、クラス担任の女性の先生が寛斎さんのデザインした服を着て登場すると、子どもたちの間にざわめきが起こった。

寛斎　先生のおしゃれに対して、感想を言ってください。

男子　いつもは自然に自分に合っている服だけど、今は顔に化粧《けしょう》も

思ったとおりに反応して

しているし、違ったふうに見える。

男子　いつもとぜんぜん雰囲気《ふんいき》が違います。

女子　わたしは、着物って地味《じみ》なイメージだったけど、色がきれいで派手《はで》に見える。

男子　先生に質問だけど、そういう服の格好をした感想は？

寛斎　おーいいねー、それいいねー。

先生　ちょっと何か不思議な感じがします。でも、なんか、すごくこのあたりの色がきれいで、いいなーって思います。ちょっとこれで街を歩くのは、ん？　とか思うところも今はありますが。

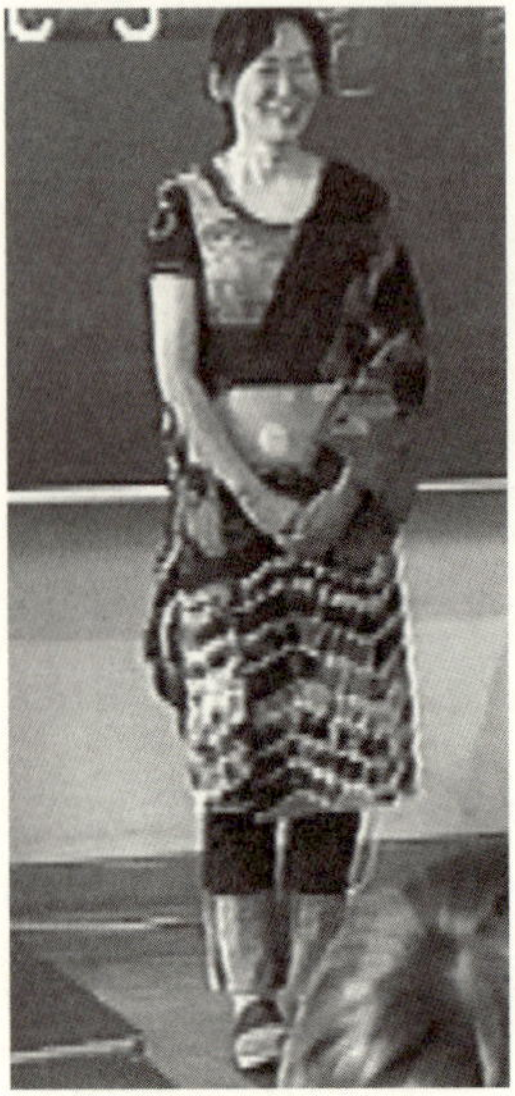

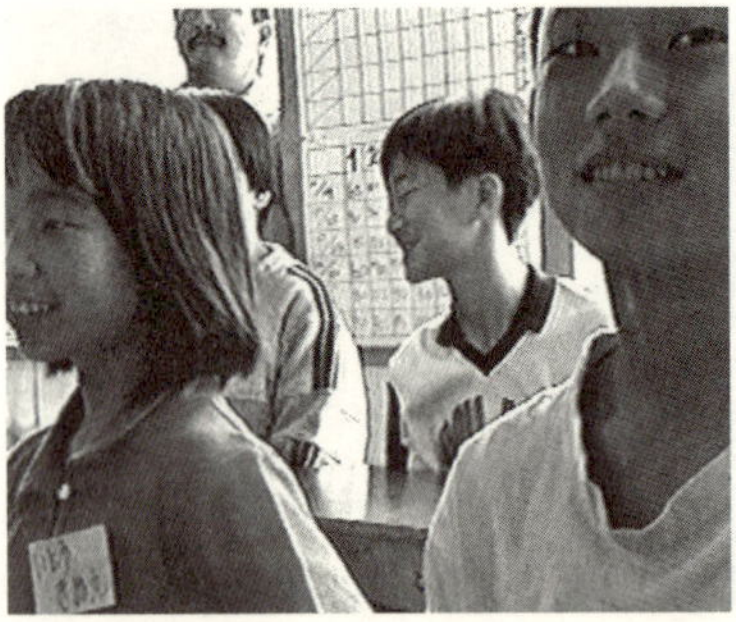

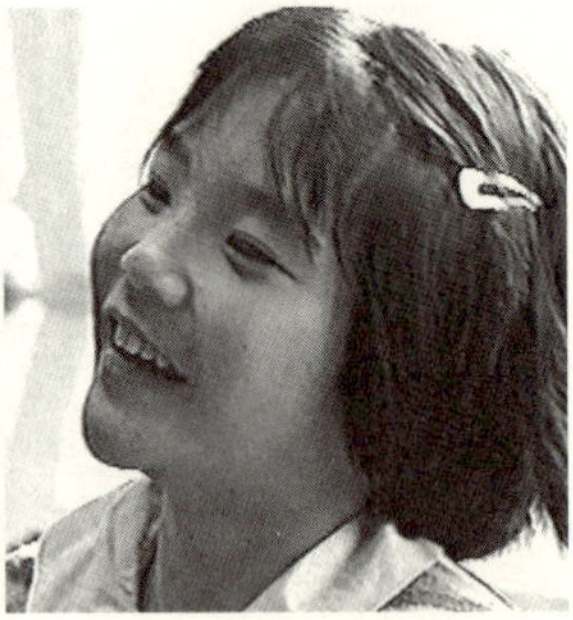

寛斎　たまに先生が、こういう格好で学校に来てくれると、どう思う？

女子　いつもはちょっと怒るときもあるんだけど、なんていうかな……いつもは、なんか口答えしそうな感じになるけど、なんかそういうきれいな服を着ているると、まぁ許しちゃうっていうか……。

子どもたち（爆笑、先生も下を向いて笑っている）

寛斎　こういうふうに先生が違うものを着てメッセージを出すというのはいいことだと思わない？

子どもたち　いいと思います（拍手）。

寛斎　さっきだれかがちぐはぐというようなことを言いましたが、このゆかたでいつもと違うところを言いますと、まず、若い女性がはいているブルージーン、ちゃんと裾《すそ》に折り返しをつけてるということ。ふつうゆかたにこういう靴《くつ》は履《は》きません。下駄《げた》です。そこも変えています。それから女性のウエストの帯は本当はもっと高い位置で、今日のはどちらかというと男性に近い位置にしてもらってま

す。それからふつう女の子の場合はここの胸のVを閉じるようにしています。今日のように下にTシャツを着ていると、ぜんぜん平気ですよね。先生はうなじがすっきりしてらっしゃる方なので、髪の毛をアップにしてもらって、おしゃれしまくりましたという感じを取るために、いくらかほどいてあります。

それでは先生に退場してもらいますので、先生のおしゃれの勇気に対して拍手を。（拍手）

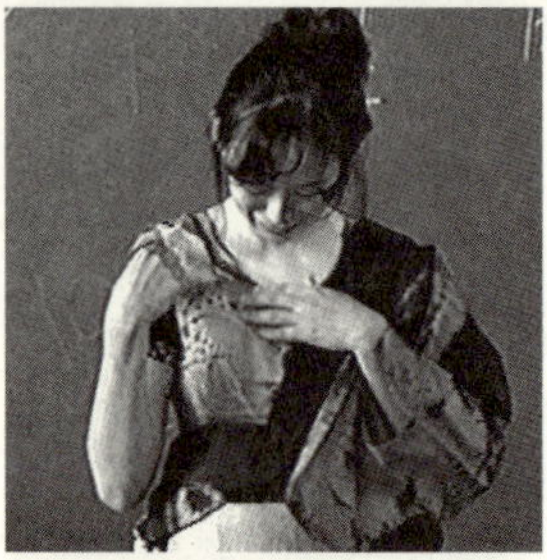

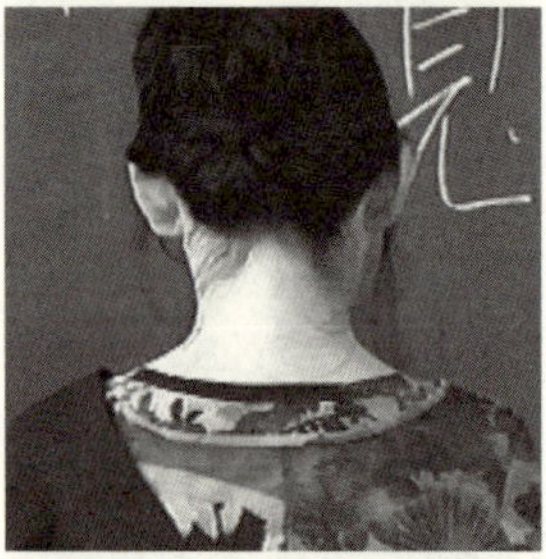

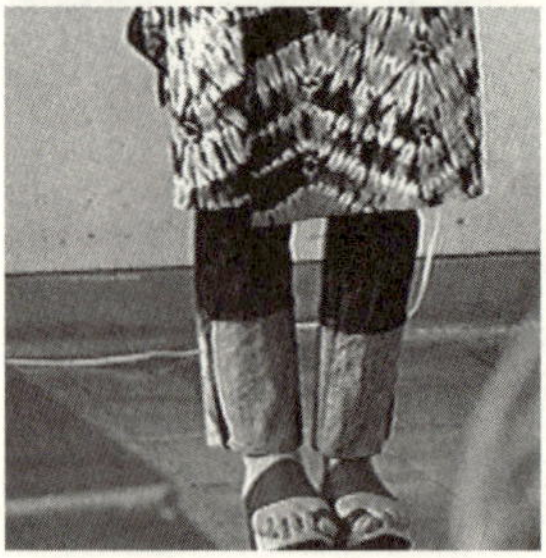

ファッション表現は昔からあった

寛斎　五〇年ほどファッションデザインを続けてきて思ったことは、前にタブーだったことがなくなっていったり、どんどん変わってきていることです。世の中は変わるということを言いたいんです。

先ほどちょっと言ったけど、この授業をやることになって、君たち、特に男の子の髪型がみんな同じことが気になっています。それで、明日やるショーでは、男の子の髪型を崩してみたいなあと思っています。

このようにファッションを変えてみたり、人にアッピールするようなことを、昔の人もしていたんだろうか。ということで、一枚の絵を見せます。江戸時代の人です。

これは南蛮人、ポルトガルの人だと思いますが、こんな派手なファッションをふつうのお侍《さむらい》さんがやっています。

こういう流行から出てきた言葉に「歌舞伎《かぶき》」というのがあります。

こうやってガンガン派手にしていくという精神は、ずっと昔からあ

パネル

ったのです。それで、今では歌舞伎は日本の伝統芸能にまでなっているじゃないですか。

もう一つ、別の絵があります。

ここです。このあたりの信長のお祭りのときに、見たことあるでしょ？　プリーツをしています。

つまり、昔から、自分をどんどん表現していこうとしていた、ということです。

ファッションの三つのポイント

寛斎さんの娘は、山本未来という女優で、つい最近では「不夜城《ふやじょう》」という映画にも出ています。その娘が、君たちくらいのときに、わたしにいろいろ相談してきました。例えば、「ミニスカートはいていい？」ときくので、「もちろん、いい。もっとスカートの丈《たけ》を上げてちょうだい」と言いました。ふつうはスカートが短いと「品が悪い」とか言いますけど、わたしは反対のことを言いました。

次に、ピアスしてる人は、ここにいる？　わたしの娘は、わたしのことを「チチ」と呼びます。あるとき、「父《チチ》、ピアスしていい？」ときいてきました。わたしは、「いいよ」と言いました。

それで耳に穴を開けてきたので見ると、一個しか開いていなかった。「もう二、三個開けてきてほしいし、鼻はどうしたの？　眉毛《まゆげ》のところにもあってもいいんじゃないか」と言いました。（子どもたちに驚きのざわめきと、笑い）

ということで、いつもどんどん行けという父親です。先ほどの絵でわかるように、抑《おさ》えるよりも、どんどん行く方が正しい、と考えているような人だということです。

さて、君たちを見ていると、もうちょっとこう変えたらいいな、と感じることがいろいろあります。

そのときのポイントの一つは、「自分の特徴を強調する」ということです。

次は、「オリジナリティー」。（男子一人を前に呼んで）君はこのクラ

ここも、ここも

スの中ではいちばんオリジナリティーがある。それで例えば、彼をわたしがジャニーズに入れたいと考えたとする。すると、ジャニーズの中では、今度は個性がなくなってしまう。では、さらにオリジナリティーをつけるにはどうしたらいいか、という課題が残ります。

三つ目は、「ルールにとらわれない」ということです。

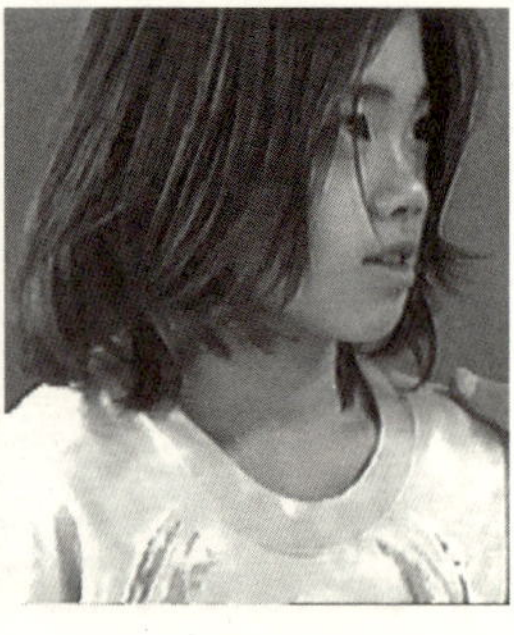

してはいけないと言われていること

寛斎　ちょっと、授業がつまんなくなってきたので、話題を変えよう。ざっくばらんに、わたしに何かきいてみたいことがあったら、質問して。

女子　寛斎さんは、どうして娘さんに、「もっとやれ」ということを言ったのですか？

寛斎　わたしたちは基本的に自由なので、やりたいことをどんどんやって何が問題なの？　ということです。小さいときこんなことがあった。「寛斎さん、そんな格好したら、隣《となり》近所のおじさんやおばさんやらに恥ずかしいよ」と注意されたことがありますけど、まあ、それはあまりたいしたことないな、ということで気にしなかった。ミニスカートの裾《すそ》を上げて、だれかが苦しむんだったらやめますけ

ど、ということです。

女の子は、もし寛斎さんみたいにお父さんから言われたら、どうする？

女子　わたしのお父さんには、ピアスは絶対するなと言われているけど、もし寛斎さんのようだったら、変わっちゃいそう。

寛斎　じゃあ、ききたいんだけど、君たちがお父さんお母さん、おじいちゃんおばあちゃん、先生などから、これはしちゃだめと言われていることって何？

女子　ルーズソックスをはくな。

女子　長いスカートをはくな。

寛斎　わたしの質問は、君たちはほんとはこうしたいんだけど、周りでするなするな、と言われることは何ですかということ。

男子　祖父母に、シャツの裾を入れなさいと言われる。

寛斎　なるほど。

女子　わたしの両親はジーパンの腿《もも》の部分の色が褪《あ》せているのがか

っこいいと言うが、おじいちゃんばあちゃんはもっとしっかりしたのをはけと言う。

男子　ぼくのおねえちゃんはシャツの裾を出せと言います。

寛斎　聞いていると、みんないろんな不満を持っているようだね。

男子　自分は髪を切りたいときに美容院に行きたいのに、家族は目より下に髪があると行きなさい、と勝手に決めるのがいやです。

寛斎　なんか身の上相談みたいになってきたね。

男子　ぼくも、髪の毛を切りなさいと親に言われるので、好きなときに切りたいです。

寛斎　今、こうしたい、ああしたいということを聞いたけど、その中でわたしの答えが聞きたい質問はある？　わたしがお父さんだったらどう言うかという。

今の話を聞いて大ざっぱに感想を言いますと、まず、長いスカートと髪の毛の長い（目にかかる）件以外は合格です。理由を言うね。長いスカートは全面的にいけないなんてさらさら思ってません。た

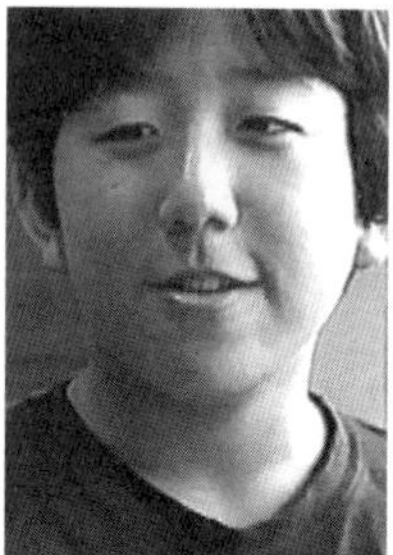

だ、行動の範囲が制約される。だから自分の今日する行動に合わせて長いのをはいてもいいし、そうでないときがあってもいい。

それから目の上の髪の毛は、横は長くてもいいと思うんだけど、目の上だと目の中に入って目を傷つけることもあるので、ちょっと注意した方がいいかな。で、それ以外はわたしだったら全部合格。何の問題もないと思っています。どう思う?

女子　わたしがやりたいことは親にだめって言われるので、寛斎さんが親だったらいいと思いました。

寛斎　ところが、うちの娘がそうだったわけなんだけど、あんまりすべていいよいいよ、って言われて、もっとやれやれって言われると、「あら、こんな父親についていっていいのかしら」って逆に心配するようになって、相談する前に自分で答えを出すようになったみたいです。ですから、映画界に入りたい、というときもオーディションを自分で受けて、映画に出ることが決まるぎりぎりまで、わたしは相談を受けなかった。

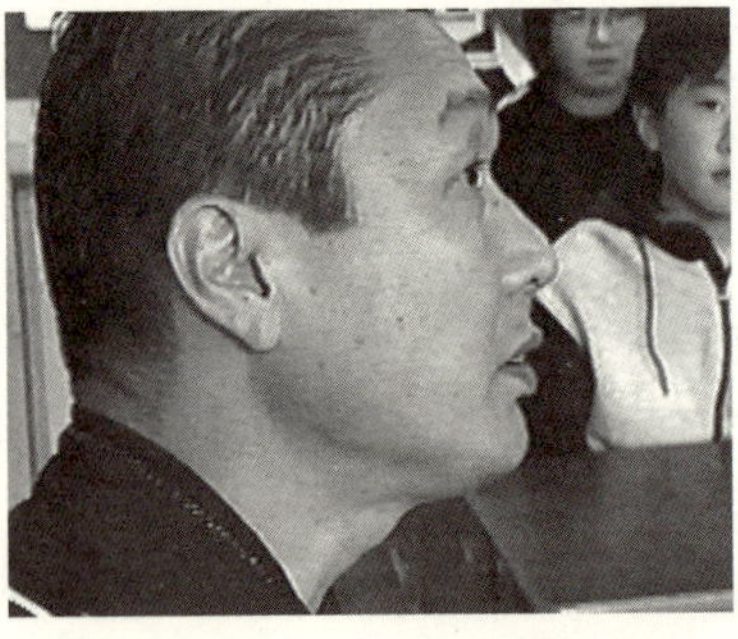

本当にしたいことを実現するには

寛斎　人間というのは、一人で生きてないよね。そうすると、さっき観たベトナムでのショーの場合でも、それをやらせてほしいとすると、そこの大臣にお願いするしかない。大臣が「うちの国は花火が禁止です」と言ったら、わたしは「しゃあない」ということになるよね。だから、何でも自分の思いどおりにならないってことです。

　すると、本当にしたければ「こうさせてください」というお願いを相当しなくてはいけない。相手も、うんとたくさんのお願いがガンガン来ると、そこまで考えてるんだったらいいかな、という判断も出てくる。了解？

　ちょっと何人かこっちに来てくれるかな？

子どもたち前へ出る。

寛斎　はい、急いで。（手紙を配る）

これは何だと思う？　向こうがいちばん最初（向かって左）。何かわかる人？

男子　大統領かだれかにやりたいことをまとめて出した手紙。花火をやりたいとかそういうことを書いて出したもの。

寛斎　オーケー。これは左から順番に一四枚あって、それで一つの手紙です。書いた人は寛斎さんです。宛名はだれかというと、ビデオにさっき出ていたベトナムの文化大臣です。この方に「ショーをやらせてください。あそこの湖を貸してください」とお願いするために手紙を書きました。感想言ってみて。

男子　大臣は、そんなにやりたいのかなって思ったと思う。

男子　ぼくも大臣の人が、こんなにしてこの手紙を出してまでやりたいんだなということがわかったと、思いました。

寛斎　なるほど。

男子　ショーを開くだけでもこんなにたくさんの手紙を渡さなくてはいけないので、ショーを開くのも大変だとわかりました。

寛斎　ちょっと見るとさ、これだけのことって思っちゃうかもしれないけど。これに一枚一枚写真を付ける、例えば、新幹線の椅子《いす》の後ろに入ってる冊子《さっし》とか、君たちが持っている漫画《まんが》雑誌のどこかの一ページとかのきれいな写真を貼る。そしてそれに合わせて文字の色もちゃんと選ぶ。

　君たちもふだん文字を書いてると思うけど、最初のうちはきれいに書いてると思うけど、あとの方になると疲《つか》れてこない？

　これだけ元気なふうに書こうと思うと、前の晩から考えて、次の朝六時ごろ起きて、運動して、ご飯も食べて、お手洗いも行って、「よし書くぞ」というぐあいにこれを書いている。

　しかもお願いの手紙は、これ一通だけ書いてるんじゃないんです。さっきお話したように、一つのイベントをやるのに二年かかるんだ

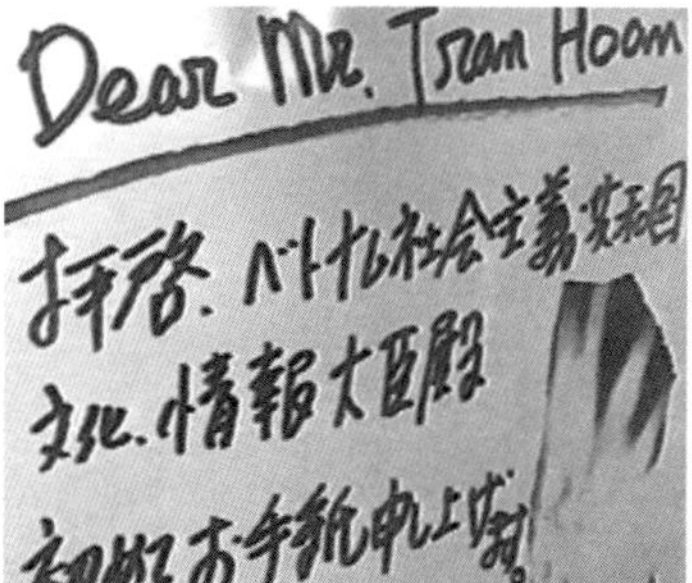

けど、その間にお願いするところがどのくらいあるかというと、三〇〇件ぐらいです。政府だけではなくて、資金的な協力をしてくれる企業も入ってます。三〇〇通を書くということは、一年間にしてほとんど毎日書くことなのよ。

だから寛斎さんが何かをお願いしようと思うと、毎日毎日、土曜日も日曜日もお正月もクリスマスも午前中だけは手紙を書いています。人に何かお願いをしようとすると、これくらいエネルギーをかけないとあかんということです。了解?

さっきおしゃれのことで、ルーズソックスとかのことで、寛斎さんだったらこうするというのがあったじゃない? もし、君たちがご両親から許可をもらいたくて、どうしてもそれが重要だったら、今と同じようにきっちりとお願いした方がいい。軽くお願いして、すぐにオーケーになるとは思わない。

なぜかというと、寛斎さんは寛斎さんなりの価値観を持っている。君たちのご両親、お父さんお母さんもそれぞれ独自の考え方を持っ

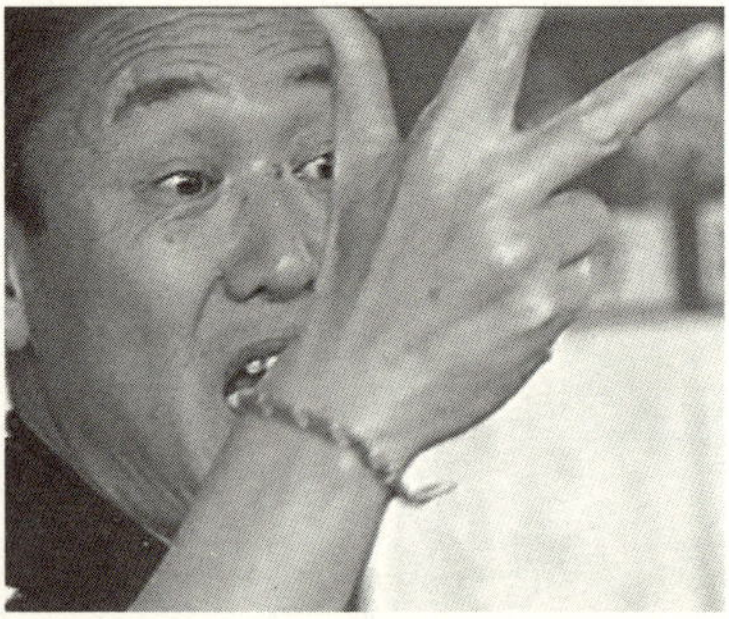

てる。それが寛斎さんといっしょである必要はない。違ってていいと思う。君たちの望んでいることは、親からすれば簡単にオーケーできないかもしれない。だからお願いするときには、こうだからこうで、こうさせてくださいと、そういう姿勢が必要。

この件で質問ありますか？　ない？　感想はどうですか？

女子　わたしは今は許してもらえないと思って、すぐに諦《あきら》めてしまうけど、寛斎さんは自分のやりたいことを決めて、長い時間をかけてそれをやり通しているので、わたしも寛斎さんのように自分のやりたいことをやりきるようにしたいです。

男子　二年間手紙を書き続けると六百何通になるんだけど、それを毎日やり通している寛斎さんを見習って、自分でもできるようにしたいです。

寛斎　念を押すみたいだけど、さっき君たちが言ったおしゃれの希望や、こうしたいと思うことそのものは、そんなに変わったことじゃない。わりに健康的な希望だと思う。

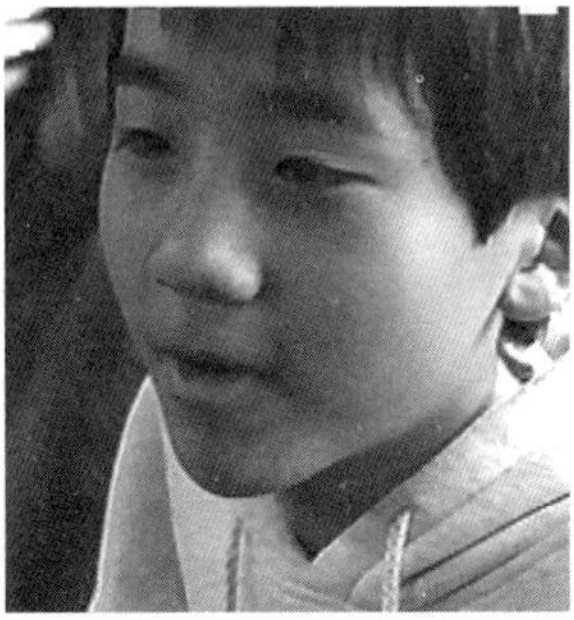

でも、最終的にはご両親が君たちの保護者だから、お父さんたちが決めるわけだ。そのお父さんの考え方と寛斎さんの考え方とが違ってても、これも当然。くどいようだけど、どうしても許可してほしければ、自分はこう考えるという君たちの気持ちも整理して、たくさん訴えたら、いくつかオーケーが出る可能性もある。

自己表現するのに、そうだれもが「好きにしなさい」というふうにはなかなかならない。それが世の中です。

授業途中インタビュー

か細い少年からの転機

授業中の話で小学校時代に二、三回転校をされたとありました。

わたしが七歳ごろのとき、両親が離婚をしました。二人の弟がいました。同じ母の実弟です。五歳と三歳の二人を引き連れて、母方の横浜から父方の郷里の高知県まで、夜行列車で移動したりということがありました。

実際には、父の方も、次の伴侶《はんりょ》といいますかパートナーがいまして、二人の生活の中に我々は引き取ってもらえなかったということです。それで、今でもあると思いますが、子どもの面倒を見る施設があって、そういうところで一時期を過ごしました。

ですから、いちばんつらかったのは、転校しますと学校によって多少学習の進度が違うことです。著しい影響を受けたのは算数でした。前の学校ではこれからやる学習が、よその学校ではかなり進んでいたりしたことです。

転校を繰り返しているなかで、当時の寛斎さんの性格にはどんな影響がありましたか。

寛斎さんはどういう子どもだったのでしょう。

やはり、たぶんわたしの今の風貌《ふうぼう》からは反対の極地のような、か細い少年だったという記憶です。

小学校後半の二年間、この小学校とそれから中学、高校の合計八年間、いちばん多感な時期をこの岐阜で育ちました。その間に体験した生まれて初めてのさまざまなこと、特に応援団、水泳部、生徒会役員というような経験が、今の自分の本当の根っこになったと思っています。

この話をするとみんななかなか信じてくれませんけど、当時は今のように少子化社会じゃありませんので、学校の全生徒が集まると一五〇〇人ぐらいになります。その大勢の前で壇上に立って、応援演説をやったりしました。それだけの人数を、一つの呼吸に合わせて応援の指揮をしたりしたことは、今のスーパーショーの「間《ま》」を読む極意みたいなものに確実につながっていると思います。

最初は、表に出るのは苦手な子だったわけですね。

そうですね。

それが変わるきっかけは何だったんですか?

ええ、あのね、雪の降る日にここの校庭で雪合戦がありましてね。わたしは向こう側のチームで、相手側はそれなりに、まあ、悪ガキという言葉をお許しいただきたいんですが、そういう子どもたちと雪合戦の攻防をしていました。

そのときに相手の投げた雪玉の中に石が入っていて、それがもろにわたしに当たりました。そのアンフェアなことに対して、自分は怒りをおぼえて、相手に突撃していったのです。突撃しましたから、逆に集中砲火を浴びたのです。わたしの「突っ込めー！」みたいな部分がそこでスポンと出たみたいです。味方の生徒がわたしといっしょになってわたしについてきて、そのときの雪合戦は勝利に終わったような気がします。

それが、わたしのマイナスキャラクターからプラス側へ変わった大きな転機です。この小学校のここの校庭でのことでした。

するど、それで周りの評価も変わったのですか？

見る目が変わったでしょうね。先ほどわたしの担任の先生と会い、アルバムを見せていただきました。それで四十何年ぶりかで思い出したんですが、当時わたしは、きゃしゃなかわいい男の子だったように思います。

県庁近くに先生のご実家があって、よくそこに呼んでいただいて補習を受けさせてもらったりしました。当時は、わたしが気の毒な家庭の男の子ということで、面倒を見ていただきました。

雪合戦で相手のガキ大将に突っ込んでいったときに、同級生の友だちから寛斎さんを見る目とか関係が変わったんですか。

うーん……。その記憶は一回きりのことですから。

それから、わたしのプラス思考の行動は、中学、高校ともう一気にドワーッと増えていきます。人前に出て気持ちを高めていってということは、本当に積極的にやっていたように思います。

父親からの影響

黒い詰め襟の下に白いトレパンという話がありました。子ども心にどういう発想で思いついたんですか?

自分の持っているものをアッピールしたいとか、自分を主張したいとかいう気持ちには、当然、異性への意識がちらちらあるわけです。小学生ですから、そんな生々しくはないんですけど、ある種の性に対する興味を持つ時期でもあるのですね。おしゃれをするとかアッピールするということと、性の意識というものはかなり深いリンクがあるように思います。話が余談の方に行ってますけど。

寛斎さんの子どものころにお父さんがテーラーをしていたということは、子どものころからファッションに対する興味があったとか影響があるのですか？

テーラーですから、父親がつくっていたのは背広、スーツですね。わたしの寝ている枕元にも、夕べ縫《ぬ》っていたものが飾られていて、服はしょっちゅう見ていました。

父は何々大臣賞というのを受賞しているぐらい、技術的にはハイレベルでした。しかし、テーラーとしての技とファッションの感覚というのは一致しているわけではないんですよ。

それが証拠に、わたしが東京に行くときに父親にいっぱいつくってもらった背広は、当時東京の学生たちはアイビーでしたが、それを見たときに、全部質屋行きになってしまったのです。

質屋行きになると、面白いことにも気づきました。彼らのアイビーは感覚優先で、クオリティの裏付けがあまりなかったのに対し、わたしの父親がつくった背広は、質屋にきちんと入りました。アイビースーツは持っていっても、お金にならなかったというか。

父親がやっていたことで影響を受けたことがあるとすれば、ときどき縫うのを手伝わされたことですね。例えば、背広に裏と表布と見返しをくっつけるところがあって、これをホシといいます。背広のボタンのところをチクチクと縫っていくようなことをしました。これをホシ入れというんですが、そういうことを手伝わされていました。

それから、アイロンを掛けるプレス屋という分業化がありまして、そういうところへスクーターで運ぶこととか。ですから、わたし自身がミシンは一応踏めていました。

当時、石原裕次郎《ゆうじろう》に憧《あこが》れて、自分のズボンは当然細くしようと、ミシンで縫っていました。ついでに自分の指を縫った記憶もありますけど。指の上をジャッジャッジャッと縫うと痛いんですよね。骨まで刺さるので針がギュンと曲がるんですけど。たまにですが、友人のズボンもアルバイトで細くしてやったことがあります。そんな程度ですね。

自己表現としての白いトレパン

もう一度黒い詰め襟と白いトレパンの話を聞かせてください。

この校庭のどの位置に立って、列の何番目で自分がその格好をしていたかということも強烈に覚えているんですね。ということはわたしにとって、学生服と白いトレパンというのは、事件といいましょうか、かなり強い出来事だったと思います。

いきさつはですね、あの当時男子の場合は詰め襟の上下で、ちょうど朝鮮戦争のあとぐらいでしたから、経済も回復してて、友人はおおむねウール、サージ——そういうよびかたをしてた布地なんですが——の上下でした。わたしだけが家庭の貧しさ故に、綿の小倉——これも素材の言い方ですが——の綿の上下を着ていました。それでズボンの膝《ひざ》が、黒からだんだん色が褪《あ》せて、グレー、白へ移っていって、それがなんとも不格好でした。

学校の新年の式典のとき、校長先生を中心にして全員が整列するときに、自己をどうアッピールするかということに、けっこう真剣にその方法について考えました。ひょっとしたらそのころ、異性に対する意識が芽生えていたせいかもしれません。初恋みたいなのが。

それで体操の白パンを下にコーディネートして着ました。当時アイロンもありましたが、だいたいは布団と畳の間に挟《はさ》んで寝押《ねお》しをやっていました。そのころからやはり、強い、おしゃれにおける自己表現というようなものがあったのではないでしょうか。


実際にその格好で行ったときの周りの反応はどうだったんですか？

もうそれは、覚えてないんですけどね。

覚えてない理由ですけど、当時から一つのおしゃれをしたときに人がどう思うかという部分と自分がどう思っているかという部分で、自分がこうであればと思っているところが強ければ、あまり人のことを考える量はパーセンテージが少ないんだと思います。

だから、自分が考えてやったことはすごくよく覚えています。それが受けたかどうかについては、あまり記憶にないんです。自分がよけりゃということを優先する方がけっこう強いですね。

それはデザイナーになってからもけっこう似ているものですか？

さまざまな企画をするときに自分のペースで考えていますが、例えば、次、どこでショーをやるかという場所を決めることも、かなりわたしの自由で、夜中に考えていて「これは面白いなあ、これはいける。本当にこんな楽しいことをやっていて神様に許してもらえるのだろうか」というようなことを実行に移すようにしています。

よく終わってから、「人の反応はどうですか？」ということがありますよね。わたしにはそれがほとんどないんです。人の反応は全部自分の体が受け取ってしまいますから、終わって成功しているかしていないかは、わたしの顔つきを見れば全部わかりますよ。別の言い方をすると、出来映えがよくないのに、笑顔をしてVサインとかやれない性格なんですよ。悪いときはカクっとなります。そのかわりわたしがVサインをやってるときは、評論家がダメだと言ったとしても、それはその人の見方が狭いのであって、わたし自身は正しいみたいな、そんなふうです。だからけっこう答えは自分で出しますね。

応援団の快感

小学校時代のことに話を戻して、転校のことですが、高知と大阪を繰り返して岐阜に落ち着いたわけですね。

わたしの母代わりになってくれたのは祖母なんです。父親からいうと母になります。その彼女が長良川の近くで家政婦のような仕事をしていたと思います。祖母のいる岐阜へ大阪から来ました。トラックの幌《ほろ》の下にもぐり込んで、あんパンを食べながら雨の日に来たのですが、なんと岐阜駅前に輪《りん》タクが置いてありましたから、ずいぶん前のことですよね。今のような四輪自動車ではなくて輪タクだから、ベトナムのシクロとそう変わらない水準ですよ。

そこではおばあさんと父親と寛斎さんと三人で……。

いいえ、祖母は勤務先に住み込んでいましたので同居はしていません。当時は日本全体が経済の高度成長期にかかっていたということもあり、岐阜は繊維《せんい》産業が盛んでここにはファッション業もありましたので、父も徐々にですが、弟子をとったりするようになって、岐阜に落ち着きやすい環境ができたように思います。

岐阜に落ち着いたことが、それまでの転校したころに比べて寛斎さんには何か影響がありましたか。

やはり友だちがたくさんできました。

応援団には三三七拍子《びょうし》とかいろいろな拍子がありますが、わたしが応援団長のときに新しい拍子を自分で考えました。

戦国時代の勝ち戦のときの勝ち鬨《かどき》「エイエイオー」がヒントで「チャンチャンオー」というような名前でした。

一〇年ほど前ですが、その中学校に行きましたら、後輩が「これは寛斎さんが残していったものです」と言って演じてくれました。呼び方は変わっていましたけど。

それは当時の寛斎さんには面白かったのですか?

面白かったんでしょうね。

何がいちばん面白かったんでしょう?

たとえ短時間でも一五〇〇人を自分のペースで動かしている、ある雰囲気をつくっていくということではないでしょうか。それはもうすごい快感でしたよ。自分の「間」でグワッと言っておいて、一つでトーンと決めたときには校舎に拍手が響くのです。それはオーケストラのすごくハイなものを決めているのと同じではないですかね。それと彼らが手拍子をいやいやっているのではなくて、ノッて参加してるということで。

あるとき、通産省にあいさつに行ったとき、審議官の方に「ぼくは寛斎さんの中学の後輩です」と言われてびっくりしたことがあります。その方はわたしの次の代の応援団長だったようです。それでわたしが全校の中学生、特に女生徒に、いかに絶大な人気があったかということを、後輩から見たわたしについて話されました。そりゃもう、中学のキムタクみたいなもんですよ。ほんとそんな状態でした。

では、モテるということはファッションに対してすごく大きなファクターになっていたのですか？

モテるということよりも……。

いわゆる花の応援団の長いガクランで「ウォス」というようなのと比べますと、わたしがやったのはいわゆる慶應《けいおう》大学的に上半身をそり返して、それで今のジョギングスタイルのような衣装でやっていましたので、流麗《りゅうれい》な応援団みたいな、新しいかっこいいジャンル、そういう位置づけだったと思います。

野球の応援などではふつう、観客は試合の方に興味が集中しますけれど、わたしはときどき観客の興味をわたし自身が食ってしまっていました。

簡単な言葉で言うと目立ちたいっていう気持ちが強くあったのですね。

目立ちたいということが先にあったのではなく、わたしのやることがみんなの目から見たらすごく新鮮で面白くて、それで「キャー」が始まったんですよね。ですから例えば白いトレパンと同じように、だれもやらないことで自分をアッピールしていくというチャレンジはしていたと思います。

次々に新しいものを生み出していくという寛斎さんの思いは、どこから来ていたのですか？

人が反応して歓声を上げたり、喜んだり笑ったり熱狂したりするような、その瞬間が凄《すさ》まじく快感なのではないですかね。ですから、例えば、つまらなそうに歩いている人も、わたしの格好を見ることで、心の中では起伏が起きているとしたら、それはすごくいいのではないかと。

それで思い出しました。最初にロンドンに行ったときに、下駄のような靴を履いていましたが、全体的にきれいな色の服を身につけていました。そしたら、自動車の運転手がわたしのところで止まって寄ってきたのです。道をきかれるとかそういう体験はいつもしていたので、その類《たぐい》かなと思っていましたら、そのドライバーいわく「あなたのそのファッションを見て、ぼくはすごく気分が明るくなった。ありがとう」と言って握手して去って行きました。さすがロンドン、と、そんなことがありました。わたしはびっくりしたわけですよ。車を降りてまで自分の思いを言われるということに驚きました。日本だったらわたしのことを「おかしい」というくくりに位置づけられるのが、そこでは何かに貢献してるような、それくらいの感じがあったわけです。

授業途中の手応えは？

先ほど担任の今尾先生と話されてましたが、どんなお話でしたか？

今日、授業をご覧になっていて、子どもたちのリアクションについてとか、どんな感想をお持ちかという質問をしました。

わたしの前では比較的いい子の少年像が出ていますよ、と言われたので、いつもはもうちょっと腕白《わんぱく》っぽいというようなニュアンスに受け取りました。

寛斎さん自身の手応えとしてはどうですか?

いやいやいやいや。これはですね、人生というのは、いくつになっても初体験というものがあるものですね。ふつうは五〇の齢《よわい》を過ぎたらたいがいのことは体験していますよね。こういう、子どもとの丁々発止《ちょうちょうはっし》は本当に初めてで、暗く疲れているのではなく、明るい疲れですけど、正直言って「疲れたなあー」という感じです。

彼らのなかにキュッキュッキュッキュと何かがわたしの方から刺さっていってる感じもします。明日答えを待ってみたいと思ってますが、ただ言えることは、この番組を通じてこんな出会いがあったことはすごくいい時間を過ごさせてもらっているなと思っています。

だから、この仕事をやっているときに、東京での仕事のこととかほかのことは、ぜんぜん気になっていませんもの。もう、一〇〇パーセントこの子どもたちとの関係にボーンと入っていますから。海外でスーパーショーをやっているときのエネルギーと同じですよ。あれは外国の人相手で違う価値観の人たちとやるのですから、それとかなり似ていますね。ここでは言葉は日本語で通じますが、価値基準が違うというか、そんな感じですよ。

手応えはそれなりに感じておられる？

ええ、たぶんそうだと思います。疲れたというのは必ずしもマイナスではなくて、どこかにプラスの部分を感じているからだと思います。もしね、これがうまくいっている感じがなかったら、わたしはみなさんとも「今日は体調悪いです」とか言って帰っていると思います。

番組の制作現場から

正岡裕之
東京ビデオセンター

一九九八年一一月三日、岐阜キャッスルホテルの一室は異様な緊迫感に包まれていた。授業を明日に控えての最終打ち合わせで、山本寛斎さんと我々の意見が衝突したのだ。それまでに何度も繰り返されてきた話し合いが振り出しに戻った。

今回の授業のテーマは「自己表現」。それについてはお互いに了解していたが、自己表現とは何なのか、どうやって子どもたちに教えるのかといった具体論で嚙《か》み合わないところがあったのは事実だ。我々は自己表現への入り口として「目立つ」ということを重要視していた。どちらかと言えば、目立つことが罪悪視されがちな日本において、その価値観をひっくり返すところから授業を始めてはどうだろうと考えていた。しかし、寛斎さんにはそれが腑《ふ》に落ちない。「あなたたちは何にでも理屈をつけたがる、それは悪い癖《くせ》だ」と容赦《ようしゃ》ない。こちらも「理屈を通していかないと子どもたちは訳がわからなくなるでしょ」と反論する。話し合いは平行線をたどった。

もう一つ衝突の要因があった。当初、我々は寛斎さんをファッションデザイナーとして位置付けていた。一方、寛斎さんはファッションデザインは自分にとって自己表現の一部にすぎないと言い続けてきた。それまでの話し合いで、寛斎さんの言わんとするところは理解したつもりでいた。

しかし、こちらとしては、寛斎さんからファッションデザイナーとしての一面を消し去るわけにはいかない。当然、授業にそういう内容を組み入れていた。それについて寛斎さんは納得がいかないと言う。話が嚙み合わないまま、刻々と時間だけが過ぎていく。このままでは埒《らち》があかない。仕方なく、ぼくは、準備していた授業の内容をいくつか削ることにした。もちろん、内心不安でいっぱいだった。

授業初日、午前中の授業を進めながらぼくは青ざめていた。寛斎さんが極度に緊張して、ぎこちない授業になっている。その緊張は子どもたちにも伝わり、教室全体の空気が重い。休憩時間になるたびに寛斎さんと話し合うが、お互いに焦《あせ》ればば焦るほど空回りしてしまう。昨夜取り下げた授業プランを復活させたい……ぼくはそんな思いに囚《とら》われ始めていた。

事態に変化の兆《きざ》しが現れたのは、体育館に移動してからだった。そこで起こったことはまさに筆《ひっ》舌《ぜつ》に尽くしがたいことなので番組を見ていただくしかないのだが、「言葉ではない、理屈ではない」と言い続けてきた寛斎さんの面目躍如《めんぼくやくじょ》たるものがあった。エンジン全開で突っ走ろうとする寛斎さんと、戸惑う子どもたち。子どもたちからすれば、「何なのこの人！」という感じだったと思う。両者の対決は静かに、しかし、深いところで始まった。それは勝敗を決めるための対決ではなく、お互いを理解し、高めていくための戦いというふうに感じられた。寛斎パワーが伝わり、少しずつ変化していく子どもたちを目の当たりにして、何かが起こりそうな予感がした。

授業二日目はメイクの時間から始まった。子どもに化粧をさせるとは何ごとかというお叱《しか》りを受けるかもしれないが、今回の授業では、子どもたちに、いつもの自分とは違う自分を発見してほしいという思いがあった。それに、スーパーショーのステージに上がるための、勇気を奮い立たせるという意味もあった。

メイクした子どもたち一人ひとりに、「へぇー、かっこいいじゃん」「その髪型もっと派手にした方が似合うよ」と寛斎さんが声をかける。子どもたちの顔が見る見る輝いてくる。まるでマジックを見せられるような思いだ。しかし、厳しいリハーサルを終え、本番が近づいてくると子どもたちの顔には緊張感が走り始めた。すかさず寛斎さんが言う。「失敗なんて気にするな」と。

本番直前、楽屋で出番を待つ子どもたちの緊張はピークに達していた。今さら逃げ出せないことは、子どもたち自身がいちばんよく知っている。押しつぶされそうな緊張感と必死に戦っている姿は凛々《りり》しかった。音楽とともに元気いっぱいステージに飛び出していった子どもたちの姿は眩《まぶ》しかった。ショーが終わったとき、子どもたち、寛斎さん、そして我々スタッフは同じ感動を共有していたと思う。

あれから一年が過ぎた今、寛斎さんの授業を振り返って思うのは、明徳小学校の子どもたちが寛斎さんから学んだのは「自己表現」を超えた「自己解放」だったということだ。そして、ぼく自身、この課外授業にディレクターとして参加できたことは、この上なく幸運なことだったと改めて感じている。

一九九九年師走

（映像演出家）

授業　四時間目
元気を表す　ポーズを決める

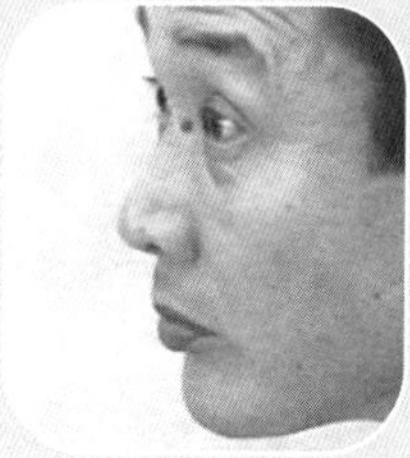

放送では、この四時間目の「ダメ出し連続のポーズ決め」は時間的にそれほど長くはなかったのに、寛斎さんのプロ意識に対する共感の声が番組を見た人たちから多く寄せられた。

取材ビデオでは、四時間目のこの部分を延々と録画している。本書では、その中から寛斎さんと子どもたちのやり取りを、可能な限り、採録を試みた。放送のクライマックスのショーでのテンポと迫力については、書籍は映像に及び得ないが、ここでは子どもの何かが変わっていくという重要なプロセスを、読者に伝えることができると考えた。つまり、ショーの迫力は、このプロセスなくしては成り立たないからである。

ダメ出し連続のポーズ決め

午後のテーマについて

寛斎　だいぶ元気が出てきたね。昼休みに休んだせいかな。これから、体育館へ移動するよ。体育館で、カメラの前で君たち一人ひとりの自分の元気というのを見せてもらうね、いい？

それで、いい人は、「合格」って言うからね。逆に、足らない人については、「もっとやって」って言いますから。

みなさん全員一人ひとりやるから、まだ自分の考えがまとまっていない人は、「後にして」と言ってもいいから、自信のある人からどんどんやっていってください。

そういう「元気を見せる」というのが、午後のテーマの一つです。

それから、みんなに鏡の前に立ってもらって、服の組み合わせな

どについて、アドバイスをします。

例えば、（男子が一人前に出る）靴は上履きではなくて、明日は学校から許可をもらうので、みんながいつも外で履いているものにします。靴のチェックは、今日はできないけれど。

君が今履いている靴下は、横線とか、メーカーの名前が強く出ているので、白っぽいものに変えようよ。いいかな。髪の毛は、さっきから言ってるように、何か変えようよ。

（女子が出て）希望を言うと、シャツはとてもいいので、袖の下の色を白っぽく変えよう。パンツはやめちゃって、ショートパンツにしよう。無地っぽいもので、赤でも緑でもいいから。髪の毛の雰囲気はかわいいから、ただリボンの色はもう少しきれいっぽいものにしよう。ソックスはどうするかは、自分で考えて。

というふうに、わたしの希望を言っていきます。

では、移動します。

ポーズ決めのダメ出し

寛斎　このあたりに立って！　いい？(1)
それで、カメラの位置は、この辺にしてもらおうか。(2)
それで今から、元気を演じてもらう。いいか？
好きなことやってごらん？　声も出していいよ！
男子　（親指を前に出す。「イエーイ」のポーズ）(3)
寛斎　今、彼こうやったけど、全然、なんかこれからウンコ行きたいみたいな感じだね。元気ない。(4)

(1)

(2)

(3)

(4)

今、彼のやったものだと、いいか？　見ててごらんよ！

（切れ良く「イエー」のポーズをとって）はっ！　はっ！　いい？(5)

これでまだ足りないと言われたら、（跳《と》び上がってイエーのポーズで）はっ！　どぉ？　だんだん元気そうでしょ？

それで片手ではつまんないから、（両手で）はっ！　とかね。わかった？　どうだ？　元気になってるでしょ？(6)

子どもたち　えー。（子どもたちは戸惑い、恥ずかしげな顔つきをしている）

はっ！　はっ！　(5)

片手ではつまんないから　(6)

寛斎　やるんだよ。みんな全員が。元気を感じてくれているなということを表現したいわけだ。

子どもたち、次々に挑戦するが、なかなか合格は出ない。何度もダメ出しが続いた。

そのうちだんだんと、子どもたちの「えいっ！」「よっしゃ！」とのかけ声とポーズに対し、寛斎さんから「おおっ、いいじゃん。今のいいよ。今度は声を出してやってみようや」

グッと構えて

(7)

よっしゃ！

(8)

目が怯えてんのよ

いえーい

「よしよし、合格だ。みんな、拍手！　次々いこう」「お、いいねえ、いいねえ。照れなくていい」という、言葉が出てきた。

目が大切

寛斎　もっと高く跳《と》び上がってごらん、はい。君は今どうやってるかな？　もっと跳び上がってから腰を低くして、もっとグッと構えて、グッと。(7)　はい、やってみよう。

男子　よっしゃ！　(8)

寛斎　うーん。よくなってきた。

　次、大事なこと言うよ。目っていうのは恥ずかしいとか怯《おび》えていると、きょろっと横を見ちゃう、あるいはうつむいたりして、ばれちゃうから、やるときは目をグッと真っ直ぐに。みんないいかい？

子どもたち　はい。

寛斎　はい、もう一回やってみよう。

男子　よっしゃ！　イエーイ。

寛斎　お、いいじゃん。そのときにわたしの方を見ないで、カメラの方を見て。はい、いこう。

次は？「えーっ」じゃないよ。女子、行こうか。いいよ、二人でやってもいい。よく相談してからでいいぞ。

ここで寛斎さんから、グループでやってもよいという許しが出て、子どもたちの間にようやく元気が出てきた。子どもたちはどうやるかをグループでいろいろ話し合っている。

そして今度はグループで、体育館の端から歩いてきて、寛斎さんの前で声を出してポーズを決める。

ほかのだれでもない自分をどう表現するのか、子どもたち一人ひとりがだんだん真剣になってきた。

しかし、寛斎さんからは、さらに、「不合格」「だんだんよくはなってる。もっと前に跳んで」「はい、君は、目をバチッと見て！」「最後、全員跳び上がって」「やってみよう！　もっと」

「もう一回！」「もう一回！」と厳しい声が飛ぶ。
世界各地のスーパーショーでも、寛斎さんはこうしたダメ出しをして、プロのモデルたちを指導してきた。

女子たち　撮影がんばるぞー！　オー！
寛斎　あのね、目がね、最初のうち考えていて、それから「オー」ってやってるの。だから、考えないで初めから「がんばるぞ、オー」ってやって。（女子たち、再度挑戦）
寛斎　はい、あのね、みんな共通してるんだけど、本当は心の中が恥ずかしいんで、目がね、怯えてるのよ、わかる？　怯えてるって。恥ずかしがってるの。だからそれが、もろ見えちゃってる。ちゃんと先生の方を見て、「がんばるぞ、オー！」ってやってほしいの。
寛斎　はい、いいでしょう。目、目。わかった？　了解した？
子どもたち　はい。
男子たち　せーの、うっしゃー！

オー！

いっせーのー、イエーイ

撮影がんばるぞ、オー！

レッツラゴー！

うっしゃー！

オー！

寛斎　声が小さい、もう一回。

男子たち　うっしゃー！

寛斎　あの、君さ、どうしてこっち見れないか？　ん？　目線が違うって言ってるでしょ。はい、もう一回！

男子たち　うっしゃー。

寛斎　目が悪いのか。どうしてこっち見れないのか。先生の顔ちゃんと見て、君だけもう一回。

男子　うっしゃー。

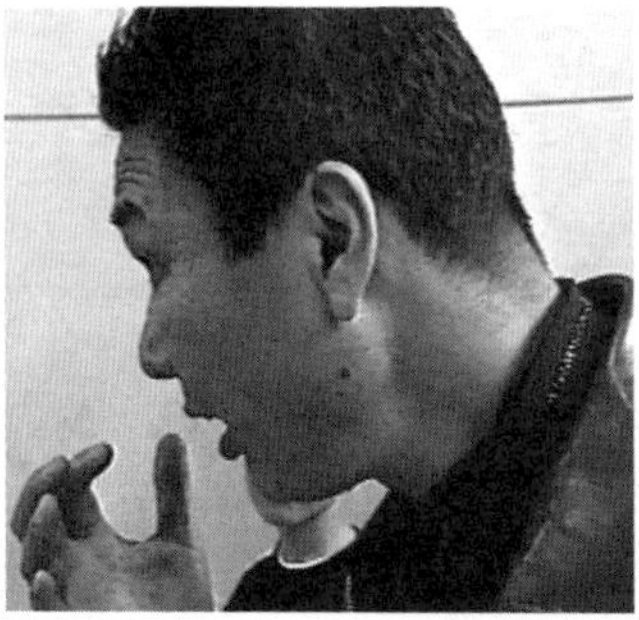
目線が違うでしょう！

寛斎　声が小さい。
男子（はあっ）うっしゃー。
寛斎　だいぶよくなったけど、まだ目が動いてる。はい、三人でいっしょにやってみよう。
男子たち　うっしゃー。
寛斎　今のチームはかろうじて合格だな。目がうろうろしちゃってるんだ。
男子二人　いえーい。(9)
寛斎　みんな質問するぞ。今の、元気だと感じたか？
子どもたち　ぜんぜん。
寛斎　ほら、なんか病気になった人みたいだね。もう一回。
男子二人　いえーい。
子どもたち　がんばって。（声援を送る）
寛斎（手の合わせ方を指導する）はい、やってみよう。
男子二人　せーの、いえーい！

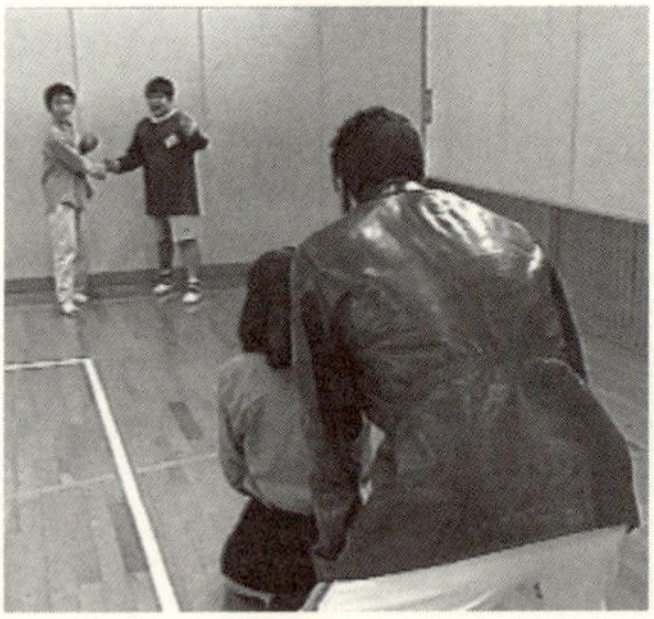

いえーい　(9)

寛斎　みんなに質問するぞ。今、元気と感じたか？

子どもたち　ぜーんぜん。

寛斎　ほら、ぜんぜんって言ってるじゃん。もっと、「うっ」というか、やってごらん？　ゆっくりやっていいから。もっとこう、手をさ、これぐらいから、「うっ」っと上げて「うっ」。それで、イエーイっていうのかな？　これで、ここをしっかり合わせてのびのびと。はい、やってごらん！　言った意味わかった？　言っていることわかった？　はい。

子どもたち　がんばれー。

寛斎　はい、もう一回！　顔こっち見て！

子どもたち　がんばってー。がんばれー。がんばれー。

男子二人（ポーズをつけて）いえーい！

寛斎　声が小さいなぁ。ちょっと練習だ。二人でもう一回、あの隅っこ行って、隠れて練習。はい。

男子（苦笑い）隠れて練習……。

隠れて練習

寛斎　慣れないと、人間っていうのはこう、ある種の気恥ずかしさっていうんですかね。けっこうね、勇気という言葉で言うには大げさに聞こえるかもわかんないけどね、それが必要で、これ、何でもそうなんですね。ある種のこう「うっ」っていう吹っ切りがないと、「およよっ」ってやっちゃうとですね、なんか自分が出ないっていうか。

よしっ、次！

男子　がんばるぞ。⑽

ここ見てよ

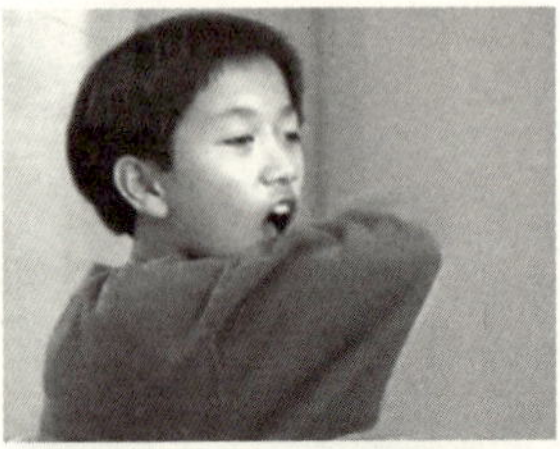

がんばるぞ　⑽

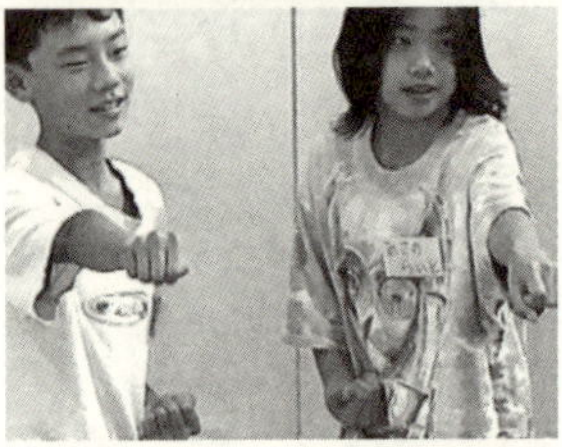

せいや　⑾

走って　⑿

⒀

寛斎　よし、合格。
男子二人　せいや。(11)
寛斎　何か足らんのでちょっと足してみようや。走ってみよう。走ったところで「せいや」ってやって。はい、行け。
男子二人（走って）せいや。(12)
寛斎　よし、合格。
男子　はっ、はっ。（ピッチャーのマネを時間差攻撃のような動きで）(13)
寛斎　それもおもしろいね。ちょっと注意するよ。投げたら真っ直《す》ぐ球の方を見てて。
男子二人　はっ、はっ。
寛斎　目っ。目っ。

しゃっしゃっ、うーしゃ

恥ずかしさを越えることの難しさ

さらに厳しいポーズ決めの練習

自分の心の壁を取り除く難しさ。少年時代、内気であった寛斎さんは、そうした子どもたちの気持ちがよくわかるようだ。

何度ものダメ出しと合格の繰り返しのなかで、寛斎さんには、子どもたちがまだ吹っ切れていないというもどかしさが漂う。そこで、一息入れて、ミーティングを始めた。

寛斎　感想を聞かせてくれるか。やっててどう感じてるか。

女子　練習してたときは恥ずかしかったけど、やってると楽しいです。

寛斎　君たちが自分が恥ずかしい恥ずかしいって思うと、それは見

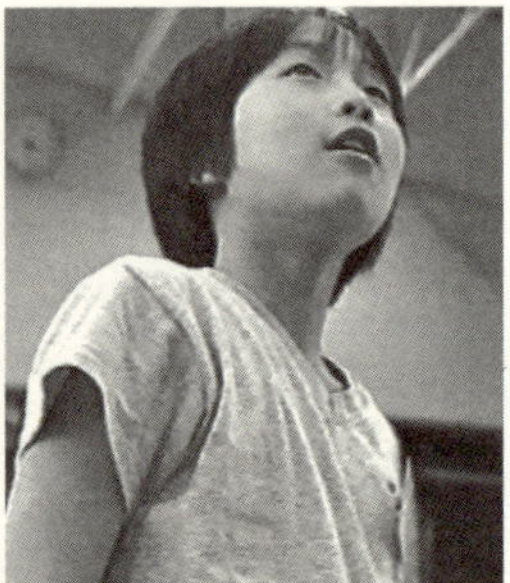

てる人に伝わっちゃう。バレちゃう。自分が堂々とやっちゃえば勝ちですよ。それを「相手をのむ」っていう。相手にのまれちゃダメ。君は？

男子　ぼくも同じで、練習のときは恥ずかしかったけど、やってるうちにどんどん楽しい気分になってきた。

寛斎　明日はお客さん、君たちの後輩がここに入って、ずーっと見られてるからね。最初から恥ずかしがってたらずーっと恥ずかしいままになっちゃう。

君たち、こういう歌の番組知らないかな。歌の番組でさ、オーディションに出てくる女の子で、恥ずかしそうにやってる子と、堂々とすごく上手に歌ってる子といるでしょう。だから恥ずかしがってやると相手のペースにのまれちゃうから。

どうだ、そっちいけるか？（隅っこで練習していた男子に向かって）

男子二人　はい。

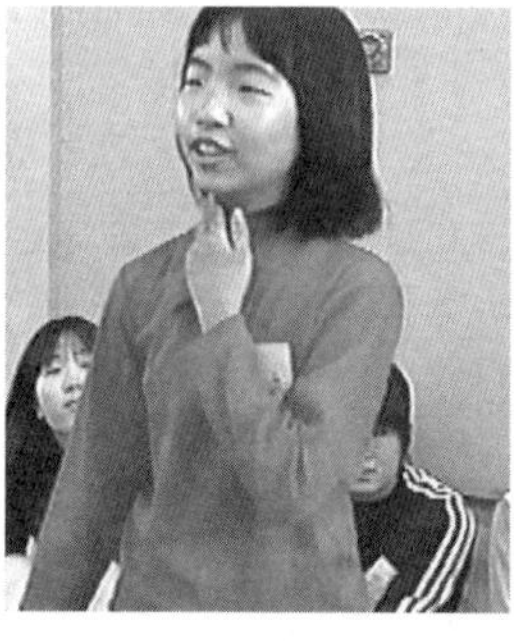

特訓を終えた男子二人組が再挑戦。すでに二人以外はみんな合格をもらっている。

男子二人　よっしゃー、いえーい！
寛斎　もう一声、声を大きくいこう。
子どもたち　がんばってー！　がんばれー。
寛斎　はい、良くなってるよー。もう一声大きく行こう。（「がんばれ」とほかの子どもたち）
男子二人　よっしゃー、いえーい！(14)
寛斎　かろうじて、合格だな。
子どもたち（拍手）

歩いてきてポーズを決める

寛斎　今度はちょっと違うことやるぞ。向こうから、今までと同じチームでここまで歩いてきてくれる？　先生にここで撮ってもらう

よっしゃー、いえーい　(14)

から。

それでいちばん注意しなければならないのは、目を怯えさせないで、うつむいたりしないで、真っ直《す》ぐズドッと見る。わかった？

それから真っ直ぐここへ歩いてきて止まる。これから仲間と何かポーズするぞというとき、キョロキョロするのはすごくだめ。無言のうちに仲間の気配を感じて決める。了解？

子どもたち　はい。（向こうへ移動する）

男子　よっしゃ！（足を踏み出す）

寛斎　ん。合格！（子どもたち、拍手）次。

男子　よっしゃ。

寛斎　いいか、少年。目は先生を見てね。ストップ。お返事は？
わかったか？

男子　よっしゃ！

寛斎　合格。目だよ。注意。目。

男子　イエイ。（跳び上がって両手でVサインを決める）

真っ直ぐズドッと見る

歩いてみせる

寛斎　ＯＫ。こう歩いてきたでしょう。そのままやるんじゃなくて、一回止まって呼吸を整えてからやったら？　もう一回やってみよう、歩いてくるのそこらへんからでいいから。

男子　（歩いてくる）

寛斎　はい、顔！

男子　イエイ！

寛斎　合格。

女子四名　（歩いてきて、くるっと廻《まわ》って）エイエイオー！

よっしゃ！

寛斎　はい、合格。女子にはちょっと甘いかな？

（男子五人歩いてくる）男には厳しいからな。はい。もっと広がって。

男子五人　撮影がんばるぞ。オー。

寛斎　いいんだけど、歩いてくるとき、もっとお互いの距離をとってくる。

男子三名　うっしゃー。（タイミング合わない）

寛斎　君たち、目がフラフラしてる。

（左側に体育座りで待機している子どもたちに）この中で級長はいるか？

合格！

して。

（出てきた男子に）君、彼らの目がフラフラしてるかどうかチェック

男子三人　うっしゃー。

寛斎　合格。

　なんとか全員に合格が出て、ひと休み。先生に撮ってもらった写真を子どもたちが取りに集まって、そして互いに見せ合っている。

　何度もの練習に対して、番組制作スタッフがこの練習の意味について寛斎さんに質問した。

「気持ちを吹っ切っちゃうっていうことですかね。慣れないと、人間はある種の気恥ずかしさがいつもつきまとう。勇気という言葉で言うのは大げさかもしれないですけど、やっぱり必要なんですね。

　例えばわたしが大きなショーをやるのに企業のトップにお願

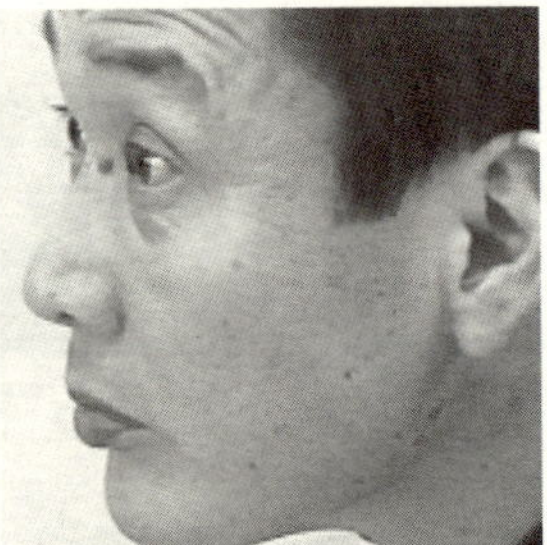

いに行くわけですが、ただお会いして説明するだけなんですけど、そこの役員室に入るときには、深呼吸してからドアをノックして入っていく。ある種の『ん』っていう吹っ切りがないと、およおよってやっちゃうと、自分が出ないというか。そういうことが大切だと考えて、これをやっています」

班長さんが寛斎さんの前に子どもたちを整列させ、体育座りで寛斎さんの話を聞く。

寛斎　君たちの悪いところは、目がところどころで泳いじゃう。最初から一点を見据えてきて「ブッ」とやってほしい。どう思う？　そのこと。みんな「うんうん」って言うんだけど、できないんだもん。難しい？

女子　もし自分だけ行きすぎてしまったらどうしようと思って、隣の人を見てしまう。

寛斎　なるほど。気配でやるしかないね。お互いが心配し合って見

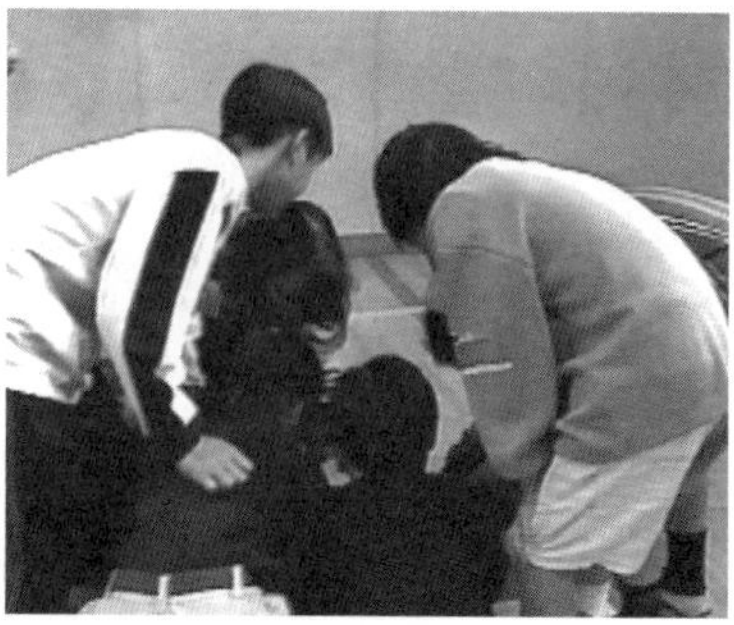

てたらみんなの目が動いちゃうからな。次からできるかな。ポーズは写真で見てるとけっこうできてるだろう？　目だけなんだ。わかるかな、わたしの言っている意味が。わかるけど体がついてこないんだな。

というこことで、もう一回やってみるか。今度は悪い子も含めて止めない。次から次へと。写真はこの場に置いておいて向こうへ移動。

子どもたち　はい。

納得しきらない子どもたち・満足しない寛斎さん

寛斎　今の練習は何のためにやってると思ってる？

男子　明日のファッションショーのときに、ちゃんとみんながいても見られるようにしていると思います。

寛斎　ほかに？

男子　いろんなときでも人の目を見ることは大事なので、そういうことを練習しているんだと思います。

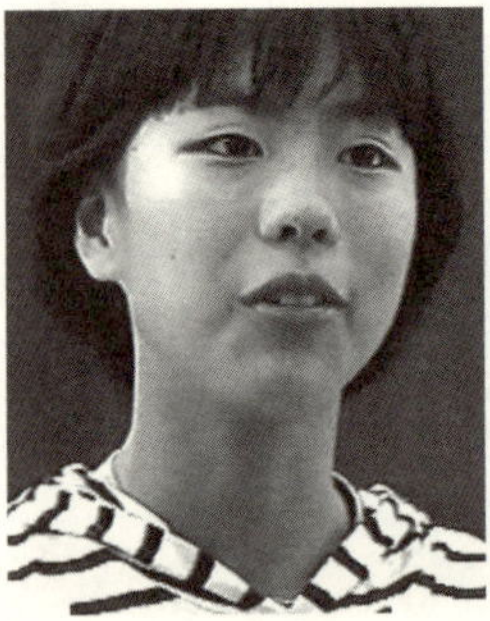

男子　ぼくも同じで、大人になっても人の話はちゃんと顔を見て聞いた方がよくわかるので、そういう練習をしてるんだと思います。

寛斎　別の質問するよ。今日、午前中は寛斎さんから、ああしたら、こうしたらと言葉で説明を聞いたよね。それで君たちはおおよそわかって、そのわかったことを君たちは今、体で表現しているわけだ。それでわかったこととやったことの差というのは何か感じるか？

男子　午前中に寛斎さんの話を聞いて、自分をアッピールするということは、やっぱり大切だから、ぼくは今の写真撮影でも目を、寛斎さんの方をじーっと見て、目をそらさず自分らしいポーズができたので、ぼくはよかったです。

女子　わたしは午前中に寛斎さんの話を聞いて、自己表現はとても大切だから、今それを表そうと思ってやったらだいたいできたのでよかったです。

男子　ぼくもだいたい同じで、ちゃんと目を見てやればそういう恥ずかしさとかはなくなるので、これからもそういうふうにがんばっ

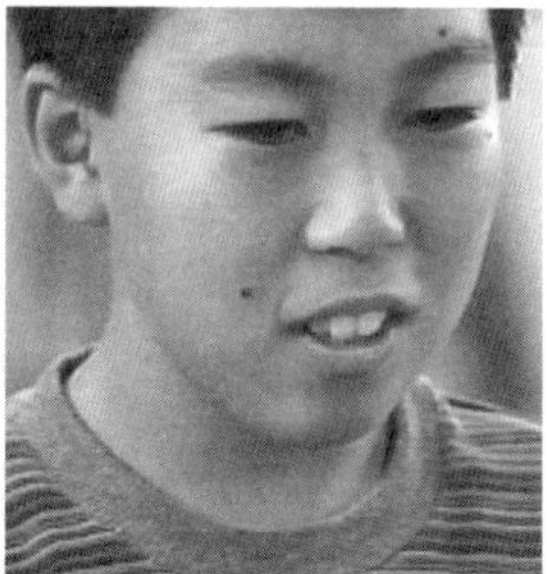

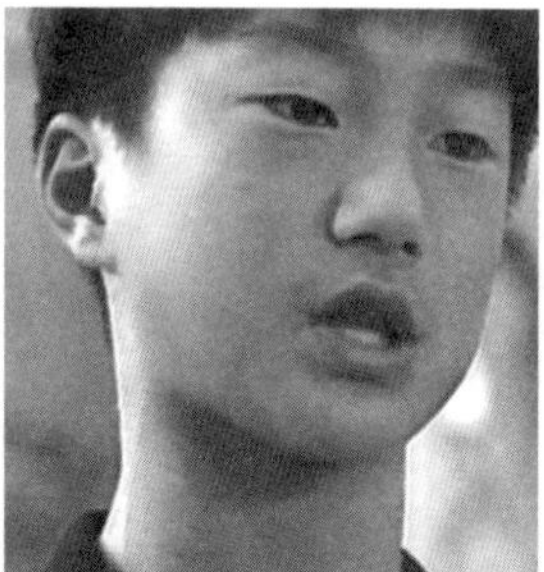

ていきたいです。

女子　自分をアッピールするためには下を向いていたらできないと思うので、やっぱり目線をそらさずに一つの方向を見て歩いたり聞いたりするのはとても大切なんだなあと、今、写真撮影でわかりました。

寛斎　OK。まず、大事なことね。人に何かを訴えるときは、目。キョロキョロ、うろうろ、びくびくするな。バシッとものを見てしゃべる。了解？

　次。今朝、君たちの応援を見せてもらったけど、あのときに寛斎さんはあせった。相当自分に自信があったんだけど、君たちがかなりいい線いってた。あのときの元気が、こうやってバラバラになるといい声が出てこない。なんでだ？　声が急に小さくなっている。なぜかと疑問に思ってる。

　あのときのリーダー、いるか？　起立。もう一回応援団をやってみてくれる？

子どもたち、応援歌を歌う。今度は二番までやらせる。

制作スタッフとの打ち合わせ

「自己表現」という言葉を噛《か》み砕《くだ》かないまま子どもたちは自己表現できたと言ってましたね。

今やってることの意味っていうのをもう一度。自己表現をするっていうのは、自分に自信を持つとかそういうことじゃないですか？

寛斎　それもあるし、習慣っていうのもあるし、慣れもあるし、声が大きくて周りをのみこんで表現していくのも必要でしょうし。だからどの職業でも、どういう立場でも、表現するというのは、目とか声とかいうのは要《かなめ》だと思ってるんで、いつも大声を出しなさいと言ってるのではなくて。

声を出すのが苦手な子もいますよね。そういう子にとっての自己表現とはどういうことなんですか？

寛斎　飛躍した例をあげますけど、震災でボランティアに行ったとします。危険なときに、ふだん声が小さいからといって、危険だというメッセージを小さいままで許していいものかということです。確かに声を出すのが苦手とかいろいろあると思いますが、それを教えないで、声が出ないままでいいのか、という疑問が残ります。

得意じゃない子もとにかく声を出す、人の目を見る、というのは、どんな自分を表現するのにも絶対必要なんですか？

寛斎　知ってていいことだとは思います。じゃあ、それが日常生活にどう役立つかというのはさておいて。今はその裏側にある気持ちでアッピールするという心の中の結束、また、ある種の土壇場に自分を追い込んで一つの結論の姿勢を出す要領なんですよ。

気迫、決意を身につけたあとで、では次のステップはどうするんですか？　自分をアッピールすることを知るわけですか？

寛斎　そのあとは実際に、明日、見る人がいるわけです。そのとき

に相手への伝わり方とかしびれ方を見て、さらにこの方法で正しいんだ、ということを本能的にかぎ分けていくんではないでしょうか。そういう自信をつけさせたい。

子どもたちへ最後の説明

寛斎　今練習しててね、君たちの心の中で、こんな大きい声出して恥ずかしいわーとか、どうしてこんなことやるんだろうとか、何のためにこれが必要かなーとか、疑問に思ってる人がいたら、手を挙げて。遠慮せずに、はい、手挙げてごらん！　二名……四名、五名。別に怒るわけじゃないから。じゃあ、挙げた人な、どういうこと思ってるか、率直に言ってみて！　はい、どうぞ。

男子　はい。恥ずかしいなっていうことが、ちょっとあります。

寛斎　うん、なるほど。ほかには？

女子　はい。わたしも同じで、少し恥ずかしいなと思いました。

男子　ぼくははじめは恥ずかしくなかったんだけど、写真を見てか

ら恥ずかしくなりました。

男子　ぼくは一人のときは恥ずかしかったけど、三人のときはそうでもなかった。

寛斎　何のために今こういうことをやっているのかについて、わたしも理屈的にはあんまりうまく説明できない。ところが今まで人に話を聞いてもらったり、自分がぎりぎりでアッピールをしたりというようなことをたくさん体験すると、今日のような、ある種のブンと飛ぶような気持ちのシーンを体験して、タフになるってことはとても重要だと思っています。うまく説明できませんがわたしが君たちに言えることはそれがすべて。

今日のビデオの中で寛斎さんが英語でしゃべってたの覚えてるかな？　白い服で。あのときのあの寛斎さんの英語は、君たちの仲間とか、すごーく上手にしゃべれる君たちの先輩とかに比べれば下手くそな英語よ。だけども今日ここでやってる極意みたいなものをあの中で出してる。まず、ぐーんと目を見て、目が合ったらお互いを

見てますから、ここで呼吸をはかって「ハロー、エブリボディ」というように間を見ながらしゃべっている。だから、よく「寛斎さんの英語は下手くそだけど、すごーくわかりやすい日本人の英語だ」と言われる。だから英語をしゃべってるというよりも岐阜弁をしゃべってるようなもんかもしれん。

もう一回くどくてごめんよ。今日何を教えてるか、たぶんよくわからないし、わたしも整理できてないんだけれど、こういう会話のあるいはコミュニケーションの要領を持つっていうことは、すごく伝えたいポイントなのよ。だから君たちの中に、明日終わっても、なんで寛斎さんってああいうことをやろうとしたのかわかんない人がいるかもしれないけど、もうちょっと大きくなったらわかるような気もする。どう思う?

男子　コミュニケーションをはかるというのは、違う言葉を話す人にその国の言葉を話しているのに岐阜弁（?）と感じられるというのは、ちょっとわかんないんだけど、気持ちが伝わってるのかなと

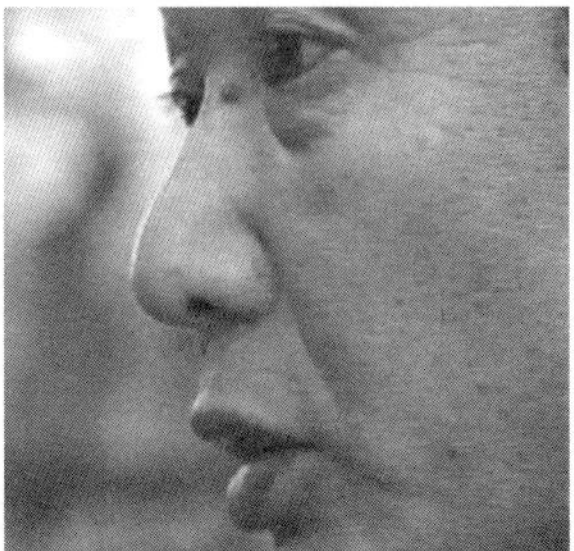

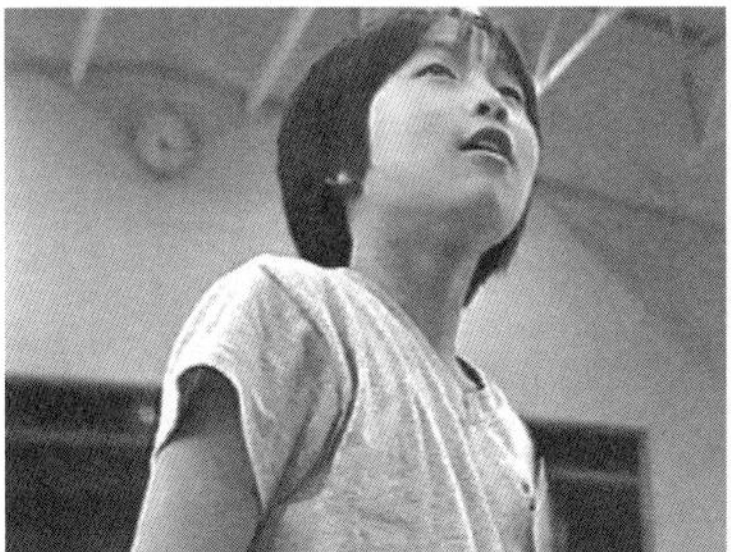

いうふうに思いました。

寛斎　そういうことだ。さっき君たちが言ってくれたように、一人でやるよりも何人かでやった方が楽？　これは自分が一人っきりのときは、一人で戦う戦争みたいなもんだから、全部自分にきちゃうから。

今日、午前中に、蛇皮の服見せたよね。赤いブーツの服見せたじゃん。ね。で、あれを着て、わたしは玄関のドアを開けて外へ出て行くとき、それから自宅へ帰ってくるまでの気持ちは、ほとんど君たちに今日やってもらった、あれと同じことなの。仲間はだれもいないわけさ、一人っきりよ。

で、今日見てた人が良かったら拍手してくれたりしたでしょ。そういうときもあるし、その格好は何じゃというときもあるし、でもそうやって一人で、自分はこうだという考え方を示すっていうことは、すごく重要だと思う。

世界的に見て、これも正確にはわかりませんが、日本人は比較的

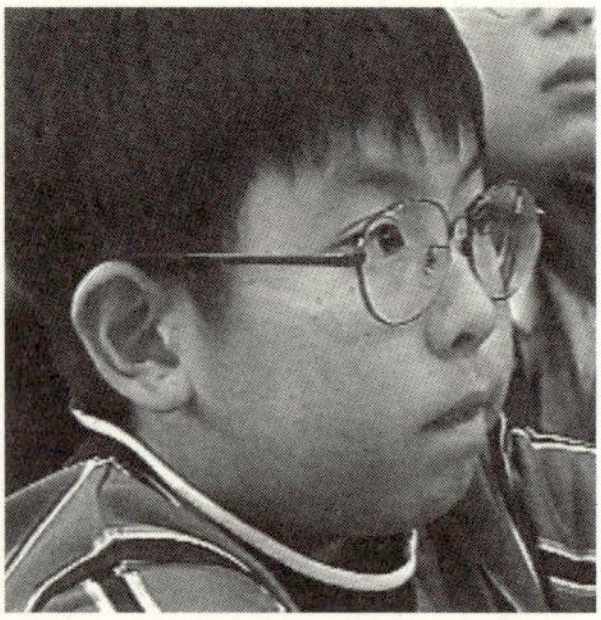

大勢その他でいっしょにやると元気が出るんです。だから、よく会社の社長室とか校長室とかに平和の「和」という字が書いてある。チームみたいなこと。ところが、ヨーロッパだとかアメリカの場合は一人ひとり。例えば山本くんは山本くん、山本くんの考える道を行く。磯村くんは磯村くんということで、一人ひとりが自分の主張みたいなものもあるような気がする。

難しいね？

寛斎さんの話は、子どもたちに通じたのかどうか？　とにかくこれで「ポーズ決め」の特訓授業は終わった。

「じゃ、難しい話はやめて、一人ずつ明日のショーのファッション指導をやるから」と、授業は次の段階に進んだ。

個別のファッション指導

一人ひとりにアドバイス

寛斎（男子に）明日は動き回るからショートパンツに変えようか？　それからみんなに言うけど、明日だけ頭は何か変えようよ。靴は上履きじゃなくて、外で履くものを特別に許可してもらうから。

（男子に）色も合ってる。君も下はショートパンツで行こう。それから髪の毛。靴下は色を計算して。

「色を計算する」って意味わかるか？

（男子に）全く合格してる。そのままでいい。

（女子に）半袖に長いシャツを出して着てるっていうのは、なかなかしゃれてるよ。これは黒いシャツでなくて、中の色を白っぽいものでいこか？　激しい運動をするのでもうちょっと短いパンツを。

髪の毛に色をつける。

（男子に）ショートパンツは、ほかの色持ってる？

　色というのは、寒そうな色と暖かそうな色とがあるよね。彼の今日の上下（白）はちょっと夏っぽいので、明日はその下のパンツの色を変える。それから靴下も合わせる。髪の毛はのびのびと。

（男子に）髪型だけだな。何かやってみたいことある？

男子　髪の毛を上に上げたい。

寛斎　（男子に）下をショートパンツで。太めのぞろっと長いやつがいい。髪の毛をがんばろう。

（女子に）明日一輪車乗れる？　下は短いのにして。髪の毛は、耳を出してみて。出した方がかわいくない？　髪型の工夫！

（女子に）よくできすぎている。赤いシャツと赤い靴下がいかにもよく計算して合わせすぎたという感じがあるので、ソックスは違う色がいい。髪型を後ろへ引っ張るとか、わきで結ぶとか。

（女子に）一輪車乗れる？　君は合格だな。

（男子に）君はアディダスの宣伝担当みたいだな。（笑いが起こる）靴下だけもう少しごついのがいいね。上はごわっとしているのに、靴下だけ妹のを取ってきました、みたいだから。

（男子に）岐阜はアディダスのファンが多いね。ソックスだけはもうちょっと無地っぽいものに。

　それから君の袖ね、とろとろってたまってるところ、いいねー。あと二、三年は着れそうだね。

子どもたち　あははははっ。

（女子に）ジャケットの袖折ってみて。まくり上げて。今日、ヘアスタイルの研究をしてきてね。今のだとワンピースを着たら、ピアノの演奏会に行けそうだよね。あとは合格。

（女子に）おしゃれはだいたい合格。その黒いセーターがちょっと色が合ってないみたい。

（男子に）みんなだったら彼の靴下は、何色を持ってくる？

　それから髪の毛がさっきから言ってるように、坊ちゃん坊ちゃん

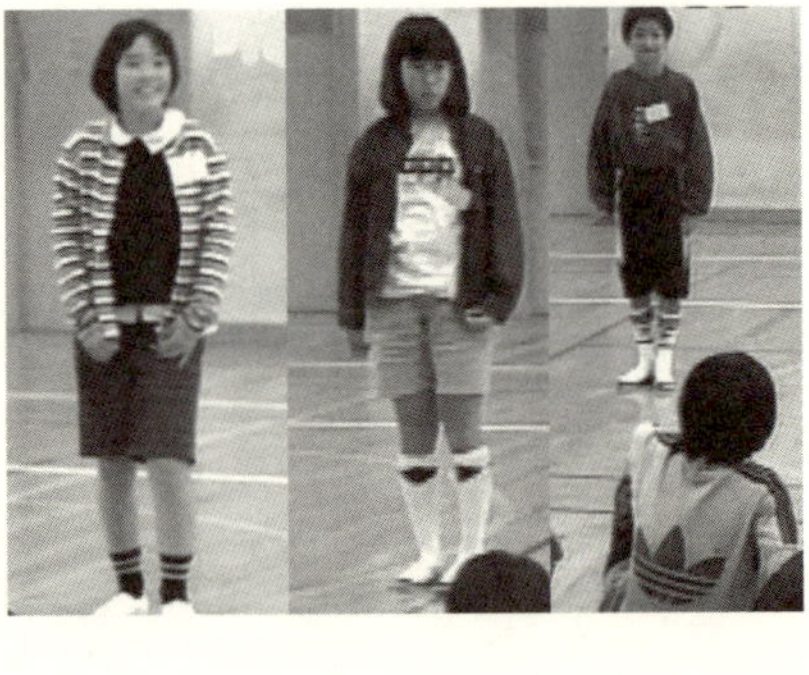

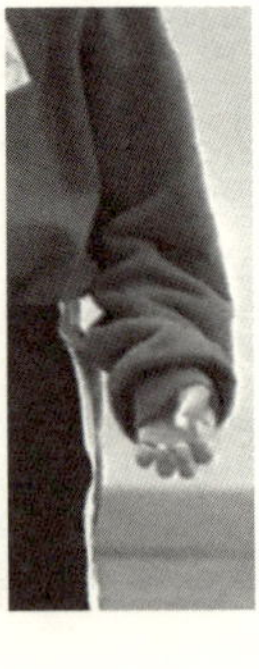

とろとろってたまってる

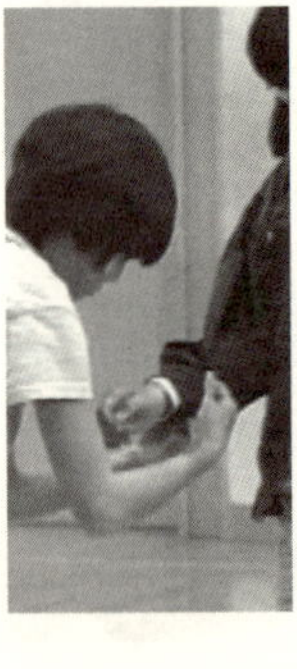

袖を折る

してるので工夫してみよう。

寛斎　もう一つ、不思議だなあと思うことは、みんな長袖のものを、非常にまじめに着ちゃってるんだなぁ。長袖をまくったりとか、半袖のものの下に長袖着るとか、そういう、特に袖の色をよくするっていう工夫が、ほとんどの人はないんだ。だから長袖の人は、そこを明日工夫してみよう。

子どもたち　はい。

寛斎　ほかにチェック受けてない人？（子ども手を挙げる）ほー、ずいぶんいるなあ。並んでみようか。

　まだ指導を受けてない子どもたち二〇人くらいが前に出されて、横一列に並ぶ。

（男子に）髪の毛。

（男子に）服は合格。髪の毛。

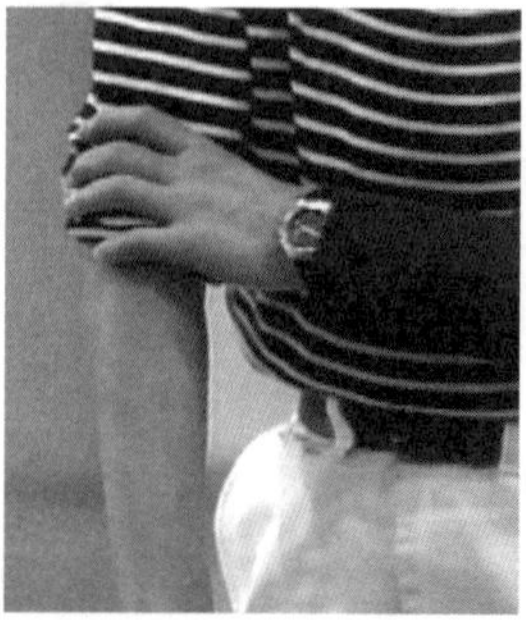

袖をまくったりとか

（男子に）合格。この子の髪型は寛斎さんといっしょでデップぬって、バーンと電気ショックみたいに立たせたら似合うぞ。

（男子に）合格。（靴下見て）アディダスの宣伝担当多いなあ。靴下だけ変える。髪型好きにしてこい。

（男子に）白っぽい靴下がいいかも。袖を折ってみるとか。

（男子に）君も靴下までが計算しすぎ。もっと崩していい。白っぽいものにしよう。

（男子に）君もショートパンツ。

（男子に）頭をチャレンジ。ショートパンツで。

（男子に）非常に計算され尽くしてるけど、靴下だけをざっくばらんにいこう。あんまり気を遣《つか》わないということ。

（男子に）靴下。みんなブランドが好きだな、ブランドが。

（男子に）ショートパンツ。

（女子に）このスカートは自分で決めたの？　お母ちゃんと決めたの？　ほー自分で。どういう気持ちでこれを選んだの。

女子　わたしは花が好きだから、花模様のレースがついていてかわいいから。

寛斎　以上で終わり。では、元へ戻って。

明日についての注意

寛斎　ファッションは、最終的には君たちが決めればいい。持っているものがもし足りなければ、お父さんとかお母さんとかお兄さんとか妹とかに借りてきて。

質問ある？

男子　今アドバイスを受けたんだけど、明日もこの服なんですか？

寛斎　汗をかいた？　変えたいなら変えてきてもいいし、このままでもいい。

明日はプロのクルーがいますから、みんなの髪型とかを手伝います。みんなは、考えてくるだけでいい。ただ二人しかいないので、基本的には自分たちでやる。だけど、手伝うから大丈夫。

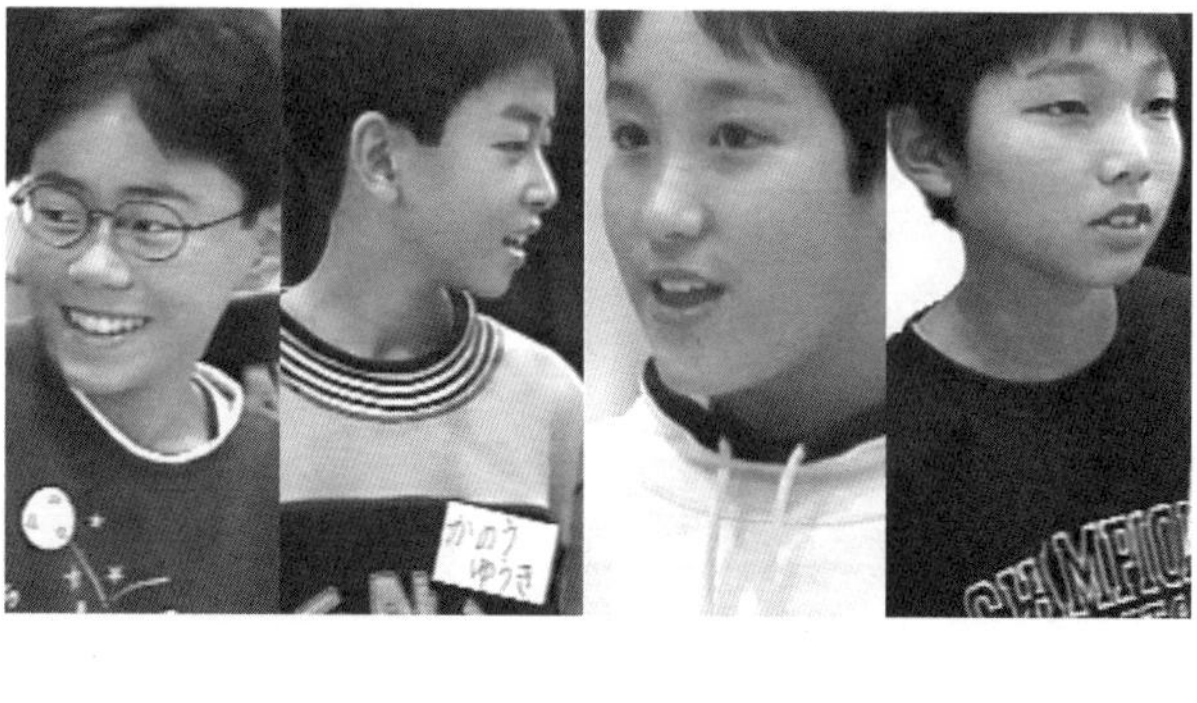

寛斎　さっき、ビデオで見た大きいショーがあったでしょう。今日、わたしはあのときと同じくらい疲れてます。たぶんみなさんも疲れているはず。それはわたしのエネルギーがドカーンとみんなにぶつかって、それをみんなはドカーンと受けたから。

明日は、今日みんなに教えたことを、いっぺん下級生にどばっと見てもらおう。

明日のお願いは、頭の髪の毛だけ。どうして小学生はそういう頭をしてなきゃいけないのかっていう、寛斎さんの疑問があるから、髪の毛だけはのびのびとやってくれるかな。

それから、この中でサッカーやる子いるよね。顔にこういう塗り（フェイスペインティング）とかやらない？　そういうのを明日やってきてもかまわない。明日だけはちょっと特別の日ということで、校長先生が「よっしゃ、よっしゃ」と言ってくれてるので、いつもよりは気合いを入れて自分をアッピールしてみよう。いいか？

ということで今日は別れようか。

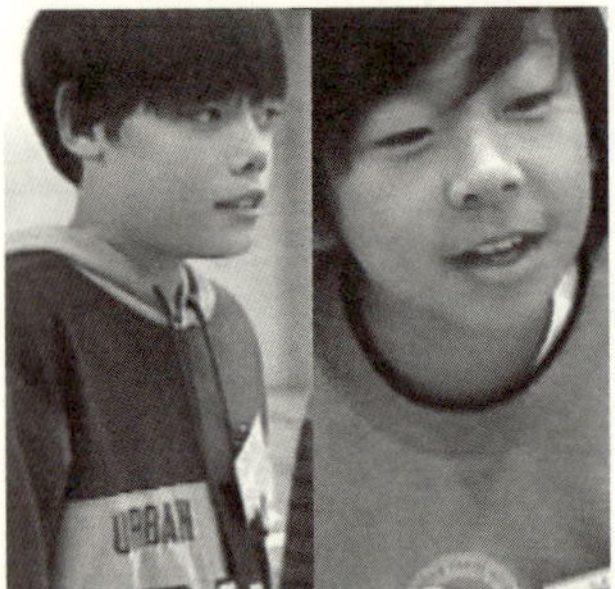

一日目の授業がこれで無事終了した。さて、明日、子どもたちはどんな姿で現れるのだろうか？

一日目の授業を終えた感想

寛斎　いや、何か終わってホッとしてるっていう感じで（笑）。きわめて素直に心が笑っています。どこまで伝えたいことが伝わっているかわかりませんが、こういう表現の世界は、理論武装をきちんとして伝わるものでもないし、疲れたけれども愉快な時間を過ごしたという気がします。

明日はまた回復して、こちらの熱い部分が伝われればと思います。表現の根っこは、何か伝えたいものがあるかどうかなんですね。手法が下手でも、それがあれば伝わっていくもんだと思うので。

今日、子どもに教えられましたけど、これで（親指出してイエーィのポーズ）やります。

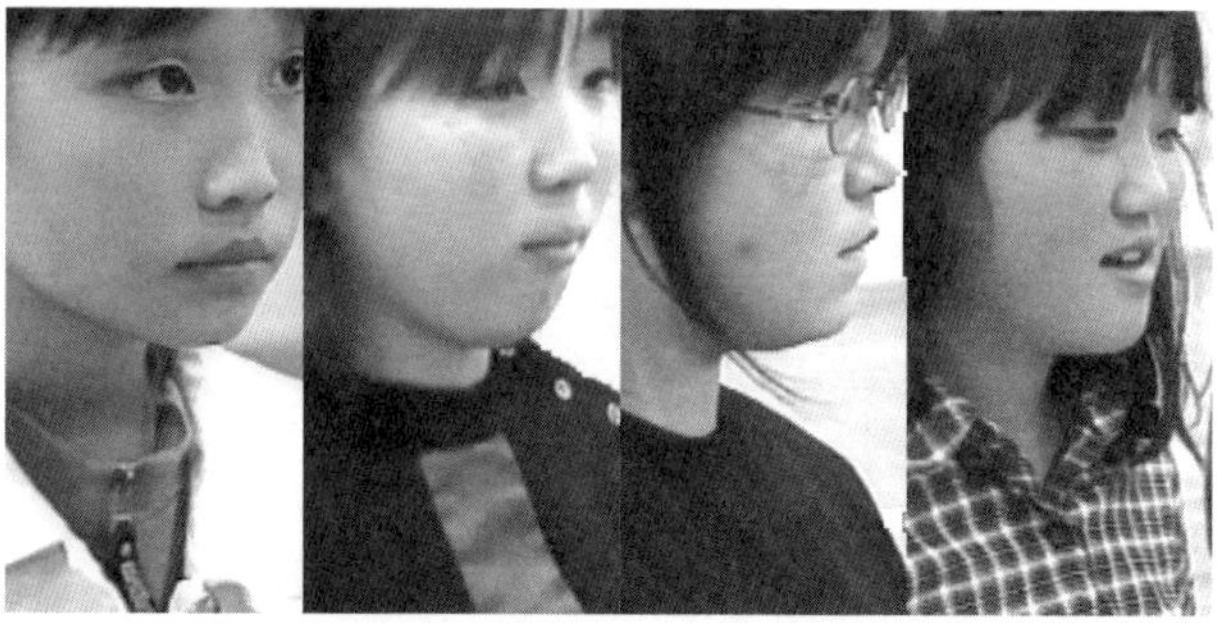

今の子どもはわたしたちの少年期と比較してみると、確実に進化してるなと思います。やがて時代が彼らに味方をすると思っています。こっちが教えてもらう日はそう遠くないという気がします。

授業は、スーパーショーよりも疲れますね。いや、何が疲れるかっていうと、スーパーショーのときはわたしが最終責任者ですから、うまくいってないときは自分で解決しなきゃならんし、自分がとらえるまんまですよね。でもこの授業は、テレビディレクターほかみなさんがいらっしゃいますから、みなさんの目線で合格かどうか、ということでわたし自身が一〇〇パーセント決めづらい。それがあるので余計なんですよ。

じゃまくさいとかそういう意味じゃありませんよ。

これでやります

授業二日目　午前

ショーの準備・リハーサル

わくわくどきどきの登校

授業二日目の朝、子どもたちはいつもと違う登校姿だ。サッカーが大好きな男子は、ボールを手に持って登校。(1) 二人の男子は、Tシャツの組み合わせを考えてきた。(2) 髪型を大胆

ボールを持って (1)

組み合わせを考えて (2)

お母さんとお姉ちゃんにやってもらって (3)

に変えてきた女子がいる。(3) 番組スタッフがたずねると、「一時間くらいかかりました」と答えた。「早起きしたんだ？」「ええ、昨日の夜お母さんとお姉ちゃんにやってもらって、で、そのまま寝て、ちょっと寝癖《ねぐせ》ついちゃったけど」(笑)

それぞれに工夫してきた子どもたち。今日だけ許された特別な格好なのだ。

寛斎　おはよー！
子どもたち　おはようございます！
寛斎　今朝の君たちの気持ちを聞かせてもらおうか。
男子　帽子をかぶろうか、前髪を立てようか、今、迷っています。
寛斎　目がきらきらしてるよ。やる気が相当あるのが伝わってくるよ。
女子　マニキュアの色を考えています。
寛斎　ようし。九時から一時間かけて、君たちがああしたい、こう

お願いします！

したい、という希望をやってもらうから。いろいろできるよ。

寛斎　おっ！　君、いいじゃーん。なかなかー、相当に良くなってきたじゃん！　よーっし！

男子（顔にペイントをしてる）みんなに見せるのが少し恥ずかしいです。(4)

寛斎　なるほど。でも、みんなの後輩が体育館に入って、待ってるよという雰囲気が伝わってくるから、そしたら否《いや》が応《おう》でも君たちが見せるという気分に自然になるという感じがする。

女子　えっと、わたしは、昨日寛斎さんに言われたことを直して、自分を鏡で見たら、ちょっとバージョンアップした気持ちで、うきうきしています。

寛斎　おーっいいじゃーん。コーディネート決まっとるねぇ、もう一回立ってみて！　昨日アドバイスしたとおりに、ほら、このプリント、この柄の色の赤い色を下にはいて、それから白い色を袖にもってきている、なかなかよくできてるね。(5)

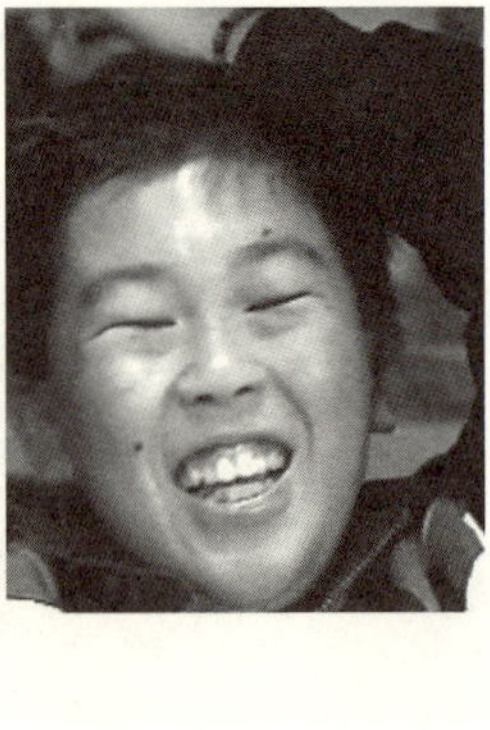

寛斎　気分が盛り上がっている人、手を挙げてください。（半数以上が挙げる）。かなりダメな人も数名いるようだね。君はどういう気分かな？

男子　まだ髪の毛をやってないので、あとでメークをやってもらうので、まだうきうきはしてない。

寛斎　それがね、これからの一時間で鏡見て自分がかっこよくなっていくのを見たら、自分の中でぶわーっとこういう（手をメラメラさせる）のが湧いてくるから、問題ないと思うよ。

　君もいいね、なかなか光っとるね！　今日は、ビカっと！　似合っとるじゃん。どんな気分だ？

男子（バンダナをしてる）うれしいですっ。(6)

寛斎　おーっいいじゃん！　素直でいいよー。うれしいっ。よしっ、だいたい君たちに昨日教えたことは、通じてる感じがします。今日はもう、その感じで、とにかくめいっぱい、わたしは、ぼくは、ここにいるよーっという元気を出してください。了解？

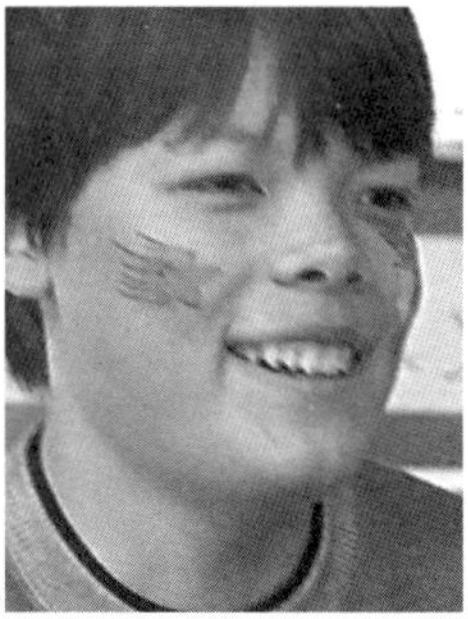
(4)

(5)

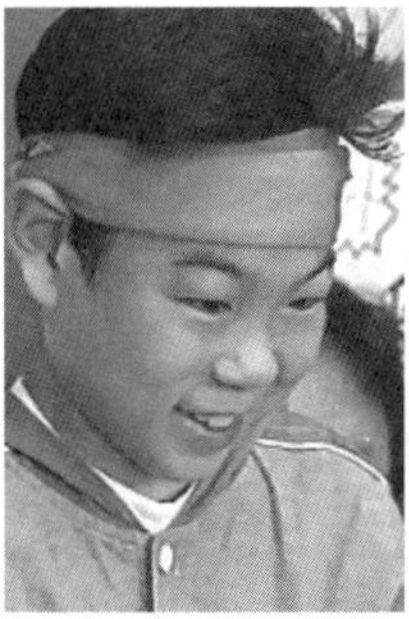
(6)　うれしいですっ

子どもたち　はいっ！

登校してきた子どもたちの様子を見て、寛斎さんは満足そうだ。スタッフが「どうですか？」ときくと、「いいんじゃないですか」「いいですか？」「と思うね！」と寛斎さん。「結局言葉じゃない何か、彼らはそういうコミュニケーションが強いんじゃないですかね。だから十分通じているようにわたしは力強く感じています」

初めての化粧——どんどん変わる子どもたち

寛斎さんが用意してくれたメーク道具を使って、初めての化粧に挑《いど》む子どもたち。変身することで、子どもたちは別の自分を発見し、勇気をつけていくようだ。女の子も男の子も、鏡に向かう顔は真剣そのもの。口紅をつけながら「気持ち悪ーい。うーうーっコワイよー！（笑）」と言いながら、いきいきしてい

かつらも登場（8）

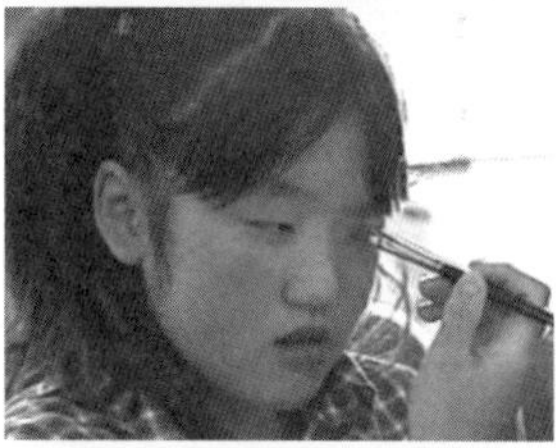

気持ち悪ーい（7）

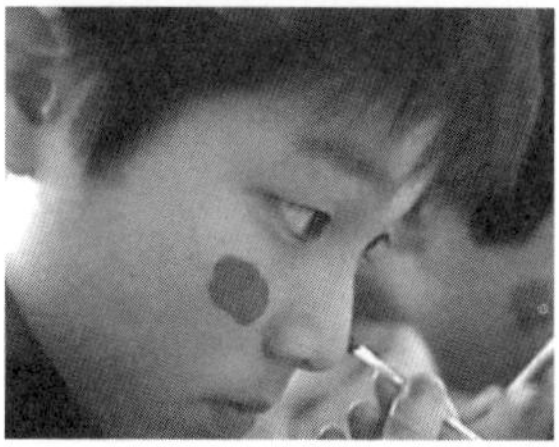

る子どもたち。(7) かつらも登場した。(8)

　体育館では、ステージづくりが進んでいた。先生方もお手伝いしている。ステージ正面で、ショーの構成を練る寛斎さん。世界規模のスーパーショーに挑むときと、同じ顔つきになってきた。

「どうでしょう?」メークを終えた子どもたちが、寛斎さんのチェックを受けに来た。「横へ一列に並んで。うーん、君は、合格だな!」「それから、このお嬢ちゃんは、相当きれいめだ

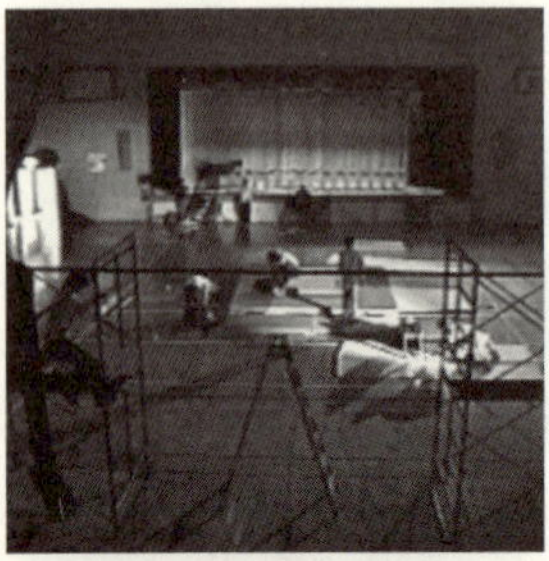
体育館全景

雛壇設置

ステージ

先生もお手伝い

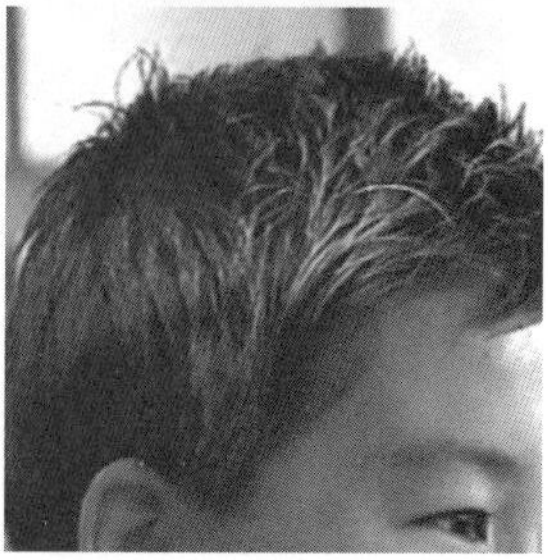

から、もっともっと自由にさせよう。ね、かなりきれいになるよ、この子は」「はい、次どうぞ。どうだ、気分は?」

男子　（一輪車に乗りながら）最高！

寛斎　最高かー、そうかー。

男子　自分でメークすると、なんか、かっこよく思えるよ。

寛斎　かっこよく見えるんだ。自分が。

男子　うん、なんか。

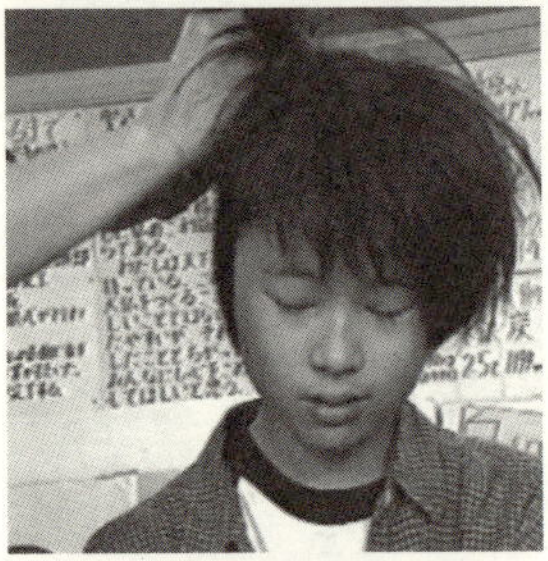

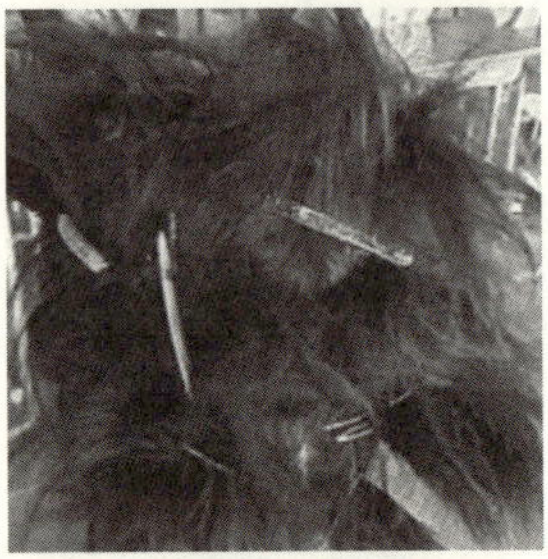

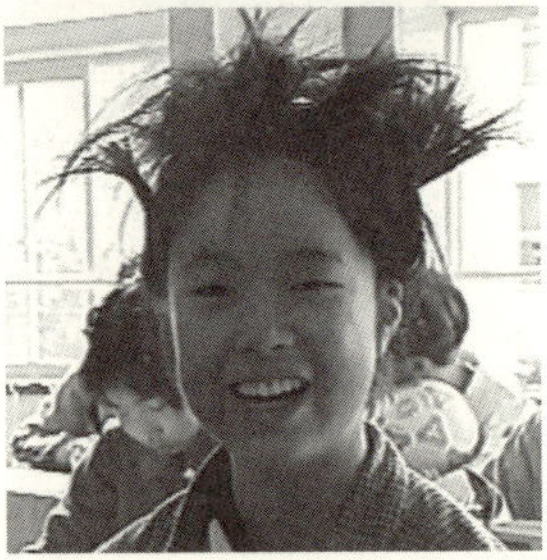

寛斎　へー、いいねー。（笑）

女子　あははは っ。（笑顔）

プロのメークの人の助けを借りて、さらなる変身に挑む女子。ふだんは髪型など気にも留めない男の子たちも、この日はほとんどがカラースプレーをした。「おーっ良くなってきた。かわいくなったなー。前の顔、どんな顔だったっけと思うぐらい良くなってるよー！」寛斎さんも満足そう。

リハーサル

午前一〇時、リハーサルの開始。オープニングは、提灯《ちょうちん》を持った八人の子どもたち。給食用の白衣を上手く活用した。子どもたちが得意とする一輪車もショーに加わる。寛斎さんの目が動き回る。場面の変わり目ごとに注意が飛ぶ。

寛斎　声出して、こい！　ヒョー！

子どもたち　イエー！

寛斎　あのね、君たちがここをどう使うか考えてほしいんだ。例えば、こう出てきてぐるっとこう回って……こう回って、こっちのお客に向かって、イエッでもいい。わかる？

子どもたち　はい。

寛斎　自分たちで、みんなの目を引っ張って。

いよいよショーの目玉となる自己表現。元気ポーズの最終練習に入った。元気ポーズの練習だけで、寛斎さんのダメ出しは、まだまだ何度も続いた。

「その歩き方、よくない。窮屈《きゅうくつ》そう。三人揃《そろ》って歩きたければ、いちばん下歩いて！」「ここは、今ここまできたでしょ？　もっとね、ここまで、先生のかぶりつきまで、この辺まで来て」

寛斎　みんなが歩いてくるところが、どっちかっていうとあんまり元気がないな。もっともっと工夫してみてくれんかな？　君たちにやってもらいたいことを一〇〇だとすると、今は三〇ぐらいなんだ。それで、まだ七〇ぐらい足りない。で、このあと七〇ができないと、このショーはダメなショーになっちゃう。まだできるって感じ？　もう一回やってみるよ。いいか？

子どもたち　はい。

寛斎　よし。じゃあ今度はわたしキュー出さないから。

子どもたち　はい。
寛斎　はい、行こう！

そして二時間後、ようやく最後のリハーサルにこぎつけた。子どもたちが次々に舞台に出てきてポーズをとると、マイクで寛斎さんが「合格！」と叫ぶ。子どもたちは大きな拍手を送る。最終のリハーサルが終わり、雛壇《ひなだん》の前にみんなを集めた。

寛斎　さあて、感想聞かせてもらおうかね。
男子　楽しかったし、うれしかったし。
男子　みんながちゃんと大きな声を出せてそれがうれしかったです。
女子　はじめは恥ずかしがっていたが、ラストのときとか、ポーズを二、三回やり直したときになんか楽しくなって、最後のときは思いっきり大きな声が出せたから本番もこの調子でがんばっていきたいと思います。

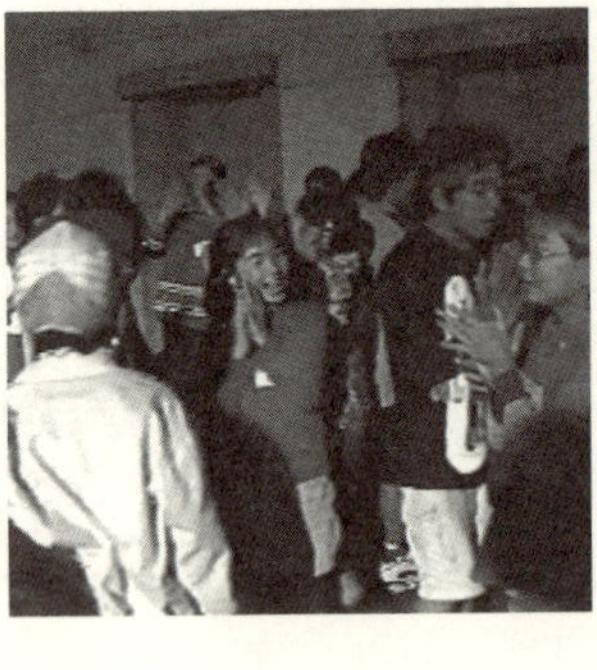

みんな拍手

男子　ぼくは自分のやりたいポーズでかっこよく決まったのでよかったです。

寛斎　今、みなさんの感想を聞いたけど、本当はもっと細かいことを感じているはず。たぶんそうだと思う。例えば、この番組で自分たちの顔が全国に映るんだなあとか、ここまだ自信がないなあとか、相当この感じだとうまくいくかな、ぼくはたぶんみんなよりも相当かっこいいぞ、などなどいろんなことを君たちは今、感じてくれていると思う。

それで出来映えについて感想を言うと、すごーくよかった。ばっちし。すごくよかった。（子ども拍手）寛斎さんがみんなに教えたかったこと、みんなマスターした。もう、本番はわたしはいなくてもいい。もう十分勉強してくれた。二日間勉強してよかったか？

子どもたち　はい。

寛斎　ほんと？　わたしも君たちに会えてよかった。いろんなこと勉強した。

さあて、もうごちゃごちゃ言わんから、いいな。今から約一時間半くらい、それまで練習してもいい、自分をきれいにする子がいてもいい。ご飯食べてリラックスしてもいい。目いっぱい、いいか、君たちの元気、「自分はここにいる」いいね、それを出して。

本番でもし間違えても、気にするな！　たいしたことない。それよりも、とにかく肩の力を抜いて元気に！　明るく！　了解ね？

子どもたち　はい。

寛斎　じゃあ、「行くぞ」という気分を表したいんだけど。何をやろう？（子ども沈黙）じゃあ、おじさんが久しぶりに君たちにフレーフレーを歌う。特別サービス。君たち一人ひとりにな、贈るからな。「フレー、フレッフレッ明徳、フレッフレッ後輩」（子どもたち拍手）

子どもたち（太鼓鳴る）拍手。

寛斎　がんばれよー！

子どもたち　ガンバロウー！（みんな拳《こぶし》を上げて）

寛斎　もう一回！　がんばれよっ。

子どもたち　ガンバロウー！
寛斎　もう一回！　がんばれよっ。
子どもたち　ガンバロウー！

リハーサルを終えた感想

今日の午前中はどうですか？

寛斎　本当にばっちりだと思う。わたしが教えたかった自分を表現するということの喜びとか勇気がいることとか、いろんなことをこの二日間で体得してもらったような気がします。

昨日とまた子どもたちが変わったように思うんですが、なぜなんでしょう？

寛斎　たぶん自分を表現するということは、カラオケもしかりなんだけど、人間にとって本能的にうれしいことなんじゃないかしら、ハッピーなことなんだろうと思う。つらいマイナスのことじゃなくてね。という感じがします。

ガンバロウー

授業二日目　午後

ショー「ハロー・明徳小学校」

寛斎本番前一人で

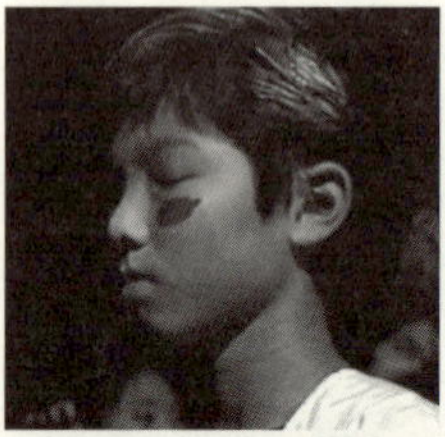

本番前の精神統一

本番待つ子ども

授業一日目のお昼休みの学校放送で、寛斎さんは特別出演した。

「山本寛斎です。この学校の卒業生で、君たちの先輩に当たります。今日は朝一番から六年生の諸君といっしょにいろいろ勉強しています。テーマは、自分をどう表現するかということです。とても元気に授業が進んでおりまして、その学んだものを明日の午後のスーパーショー、いつものショーとは違うという意味のスーパーショーですが、という形でみなさんにご覧にいれたいと思います。諸君がいつも見ている六年生のひと回りもふた回りも成長した姿を見てもらえるんではないかな、と思っています。楽しい楽しいショーにしますので、全員の方が来てくれるとすごくうれしいです。

明日の午後、楽しみに来てね！　がんばるからね！　テーマは『元気』でいきます」

ショー開演

自分はここにいる……四五年前、転校の繰り返しからやっと解放されたこの学校で、寛斎さんは初めて「自分はここにいる」と堂々と言えるようになった。今日のショーで、後輩一人ひとりにも、その思いを表現してほしかった。

ショーの観客は、一年生から五年生まで一五五人の下級生と先生たち。学校全体を巻き込んでの授業になった。

寛斎　みなさん、こんにちは。

下級生　こんにちはー。

寛斎　だいぶだいぶ前にこの明徳小学校を卒業しました山本寛斎です。ご存知のように、昨日から六年生の諸君と「元気」というテー

マをもとに自分をどういうふうに表現するか、それを勉強しています。君たちの先輩、今日の六年生たちは、すごーくがんばってます。相当、相当にがんばってます。ふだんお教えになられる先生方から見ても、若い後輩の君たちから見ても、いつもの上級生とちゃうなあ、ということを感じられると思います。

とにかく彼らは、バンバンに一生懸命やりますから、ふざけてないで、応援をしましょう。了解？

それでは拍手の練習をします。まず両手を広げて。元気ですね。まず寛斎さんがこうやりますから（腰のあたりで手をくるくると回し振る）小さく。そしてこう上げていったら（頭の上に手を上げて回す）大きく。はい、やってみよう。

下級生（激しく拍手）

寛斎（寛斎さんが手を上下させ観客の拍手を操る）じゃあ、始めるよー。いいかなー？　よし、それじゃあ始めよう！　ゴー！（拍子木《ひょうしぎ》の音で、ショーの始まり）

拍手の練習

ハロー・明徳小学校

子どもたちと寛斎さんが二日間でつくり上げたスーパーショー「ハロー・明徳小」の幕が開いた。オープニングミュージック、♪坊やーよい子だねんねしなー　今も昔も変わりなくー　母の恵みの子守唄。

子どもたち（提灯を持った児童たち登場、続いて一輪車の児童たち登場）（♪南風よー伝えてよ、溢れる思いあの人まで）

寛斎　ほえーっ声、声、声！

子どもたち　イエー！

緊張気味の出演者に、寛斎さんの声援が飛ぶ。

子どもたち（一輪車でくるくる回りながら）イエーッ！

観客の下級生や先生は、音楽にのりながら手拍子。♪南風よ、伝えてよ溢れる思いあの人のところ

までー　ハッピーエンドのかけら集めて走り出そう。人気投票で決めたテーマ曲が、下級生にも大受けだ。

いよいよメイン・イベント、元気ポーズで自己表現だ。

スキップしながら両手でピース。いえー！（スタンド・バイ・ミーの曲にのって）

サッカーボールを蹴《け》りながらステージを回る。この男子の夢は、プロのサッカー選手になること。今日の舞台にもその思いを託した。

三人の女子、手をつないでスキップしながら登場。初めての化粧。一生懸命考えた服装。目立つことを恥ずかしがっていた子どもたちが、晴れやかな顔で叫ぶ。

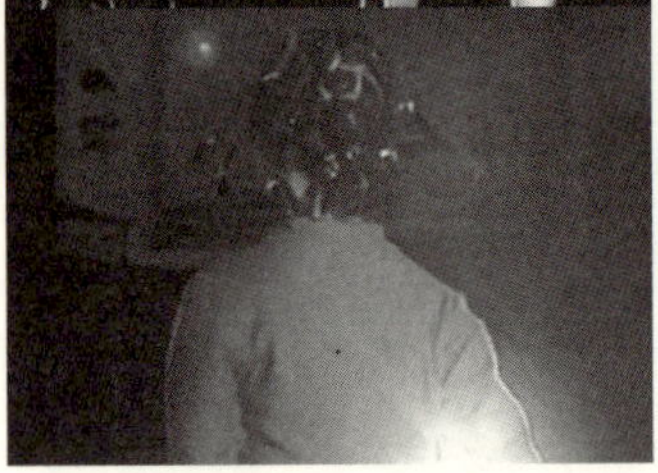

男子二人、肩車をしながら出てくる。

昨日の練習ではなかなかうまくいかなかった男子二人組のがんばりに、先生たちも寛斎さんもすっかり感心している。

女子三人が手をつなぎながら出てきて、イエーイ！

人間が、前へ前へと進んでいく姿は素晴らしい。寛斎さんが、いつも世界のスーパーショーのテーマとして掲げる「人間讃歌」。今それを、明徳小学校六年生の子どもたちが、体ごと表現している。

男子三人が走ってくる。かつら姿の男子の登場に、会場が沸《わ》く。

男子三人　せーの、イエーイッいえーい！

女子四人（くるっとまわって登場）えいっえいっおー！

ちょっとタイミングが合わなかったけど、気にしない、気にしない！

男子二人（野球のピッチャーの振

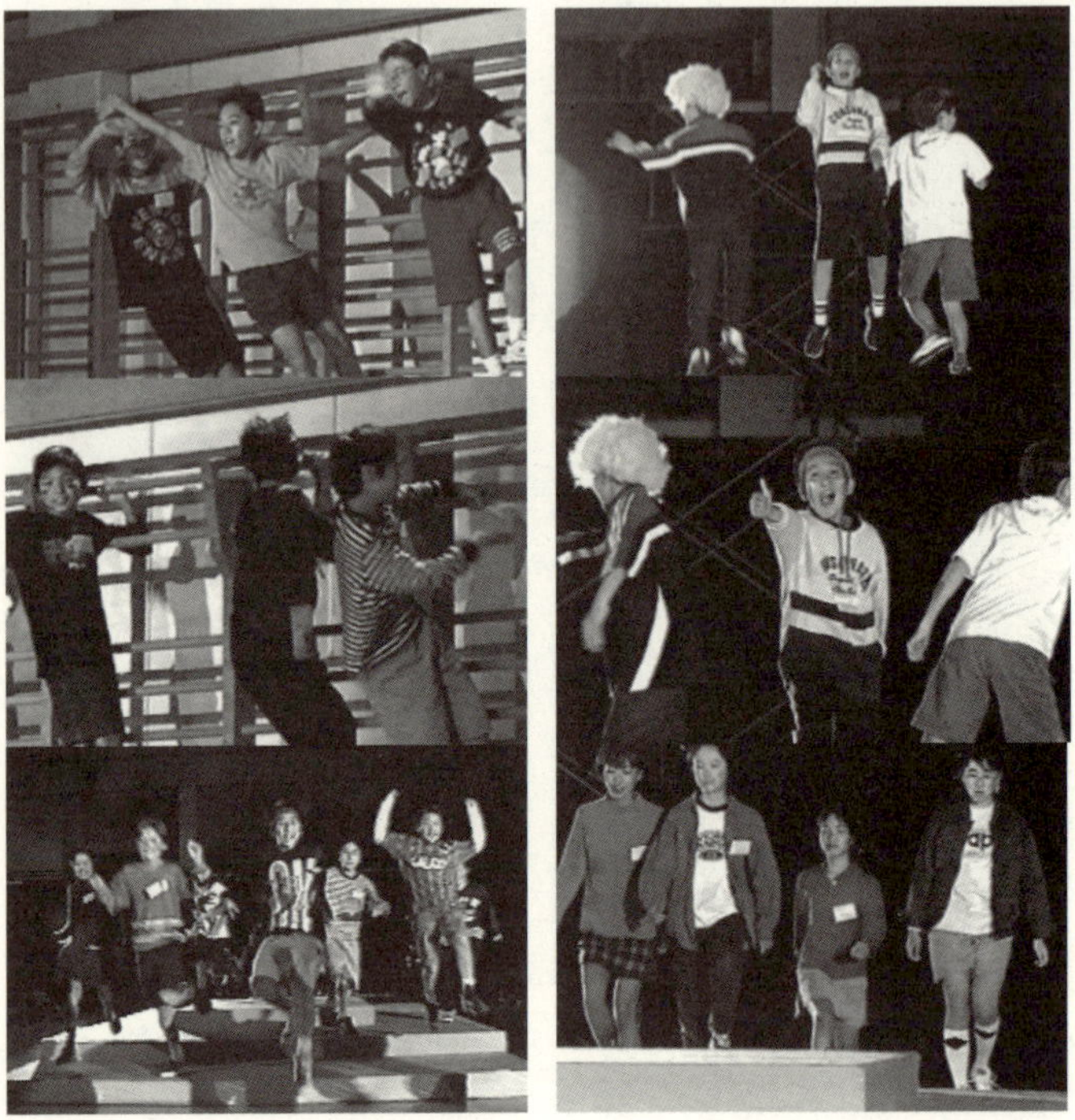

りで）いえーっ、GO！
寛斎さんも「イエー」
女子二人がスキップしながら出てくる。

昨日の夜、わくわくどきどきして眠れなかった子どもたち。四五年前の寛斎少年と同じように、今

新しい本当の自分を、表現しようとしている。

提灯の子どもたち八人は割烹着《かっぽうぎ》を脱ぎ、はしごに走り、登る。
子どもたち（手を広げて）イエー！

音楽に合わせたポーズと、独自の衣装、そして髪型。そこには、一日前の恥ずかしさから解放された、三九人の子どもたち全員の姿があった。

拍子木に合わせて六年生が雛壇前に整列する。
応援歌を熱唱。
拍子木に合わせて退場。
そして、フィナーレ。

子どもたちみんな走って出てくる。ステージの周りを回って「イエーッ！」

観客の盛大な拍手。

寛斎　はいっ、みんなおいでー、みんなおいでー、はい、ありがとう！

ショーを終えて

寛斎さんと子どもたちのつくり上げた、手づくりのショー。それは、一二〇年の歴史を持つ岐阜市立明徳小学校初めての出来事だった。「自分はここにいる、としっかり表現できる子どもになってほしい」この寛斎さんの願いに、子どもたちは体ごとぶつかっていった。そして、いつもの運動会や学芸会とはまた一味違った、表現の秘密に触れることになった。

寛斎さんは子どもたち一人ひとりに握手しながら「ごくろうさん！」とうれしそう。

三〇分に満たない小さなショーだったが、歳の離れた先輩と後輩を強く結びつけた、忘れられない課外授業になった。

ショーを終えた感想

今この気持ちを聞かせてください。

寛斎　今？　もうちょっとやりたかったという感じ。時間の長さが。

子どもたちノリノリでしたね。

寛斎　たぶんわたしがいない方が、彼ら、今はスパーンと感情を出せるんじゃないかしら。

体育館の雛壇に座った子どもたちを前に、寛斎さんが感想をきく。

寛斎　どうだ？　気分は。
子どもたち　はい、サイコー！（口々に）最高！　最高！
寛斎　何かさ、もうちょっとやりてーって気分なーい？
子どもたち　ある、ある！
寛斎　あるでしょう！　良かったねー。なんかすごーく決まっちゃ

ったんであっと言う間に終わったよ。見ていた下級生たちもうれしそうだった。

えっと、今回の、君たちに……といっしょに勉強したい、教えたい……かったことは、自分をどうやって表現するか、ということでしたね。

子どもたち　はい。

寛斎　日本人というと言い過ぎかもしれませんが、みんなで団体でっていうのは、やりたい、やりやすい。違う？

子どもたち　やりやすい。

寛斎　ところが、一人でやろうと思うと、気分……気合いをいれないといかんってことない？

子どもたち　ある。あるー。

寛斎　勇気がいるだろ？

子どもたち　はい。

寛斎　これから、君たちがだんだん大きくなって、大人になって、

君たちの人生を切り拓《ひら》いていくときに、必ず一人で、わたしの考え、わたしはこう思う、というようなことを、人に見せなきゃならないときが必ず来る。何回も来る。そのときに、堂々と自信を持って、わたしはこう考える、ということを表現するための昨日と今日でした。わかったね？

子どもたち　はい。

寛斎　もう一つ、先生もいささか緊張してたので今、天井を見ながら思い出しています。

今回、君たちと勉強しながらわたし自身も思ったことは、自分を見せたり表現することはうれしくない？　いい感じとか幸せな感じがしない？

たぶん人間は生きて、人に自分を表現して「自分はここにいるんだ、ここに生きてるんだ」という存在感の確認というものが、生きてる喜びにつながるような気もする。そう思わない？

少なくとも君たちが練習中、目がピカピカ光って、ニコニコして、

おしゃれもいっぱいして、あのときすごくうれしそうだったじゃん。（子どもうなずく）だから考えたことを人に言って、それが通じて納得してくれたらそれはすごくすごくぐっと来るもんだろうと思う。

それで何を表現するか。君たちの中に表現するものがないとだめよ。わかるか？　例えばちょっといい例じゃないかもわからないけど、わたしがこのお嬢さんを好きだとする。「好き」と言葉で言う前にも寛斎さんの目とかこういう感じで、彼女は寛斎さんがわたしのこと好きだなあというのが伝わると思う。ところが、そういう気持ちがなくて「好きよ」と言っても彼女はたぶん嘘《うそ》じゃないかなと感じると思う。わかるな？

これから君たちに必要なことは、何を表現するかということ。そういうことをため込んでいく時期に入ってくる。それはあるときどっとためて、あるときどっと発表するとも思えない。発表してみてそれが八〇点ぐらいのときもある。それが一〇〇点のときはなかなかないかもしれない。そのたびに君たちが、そうか、ああやったら

もっと伝わるんだ、みたいに学ぶ、自分の考えを主張する、表現する、とこういう繰り返しのような気がする。特に君たちはまだ人生のスタートを切りつつある時期で、いちばん感性の強いときだから、いろんなものをあんまり好きとか嫌いだと先に思わないで、どんどん吸収したらいいと思う。その二点がわたしが申し上げたかったことだけども。たぶん君たちは忘れるだろうと思う。

一つだけ強く強く覚えていてほしいのは、あのとき寛斎さんという先輩が来た。何か一生懸命やってた。それだけは覚えていてくれる？

子どもたち　はい。

寛斎　ごめんね。わたしがしゃべると理屈っぽくなっちゃって。じゃあ、わたしの授業の卒業証書のつもりで一人ずつ握手するぞ。じゃあ拍手でお別れだ。どうもありがとう！

子どもたち　ありがとうございました。（拍手）

寛斎　（拍手）ありがとう、ありがとう。

子どもたち　さようならー！（拍手しながら）
寛斎　さよならー、さようならー。（手を振り去っていく）

寛斎さんの感想

寛斎　いやーいやーいや、まあー、あの、……えー、子どもたちとの、目線が、バチッの中で、熱いものが相互に流れたので、すごく良かったです。とくに、楽屋の裏で、いちばん最後にみんながありがとうって言ってくれたときに、先輩を、こう……感じるよ！　っと、わたしのことを感じるよっというような応援歌を、わたしがもらったような気がしました。燃焼できたいい時間をいただきました。

子どもの感想

うきうきしてる？　楽しかった？
男子　特に握手したときとか、うれしかった。
女子　まだ、うきうきしてる。

女子　（うなずきながら）なんか、いい思い出になった。

男子　なんかまだ、力が残っていて、（笑い）暴れたい。

まだ暴れたい？

男子　（笑いながらうなずく）

女子　もう、こういう格好をして外に出てもいいな、と思うようになりました。

女子　今まで目立つのはいやだったんだけど、なんか目立ってもうれしくなった。

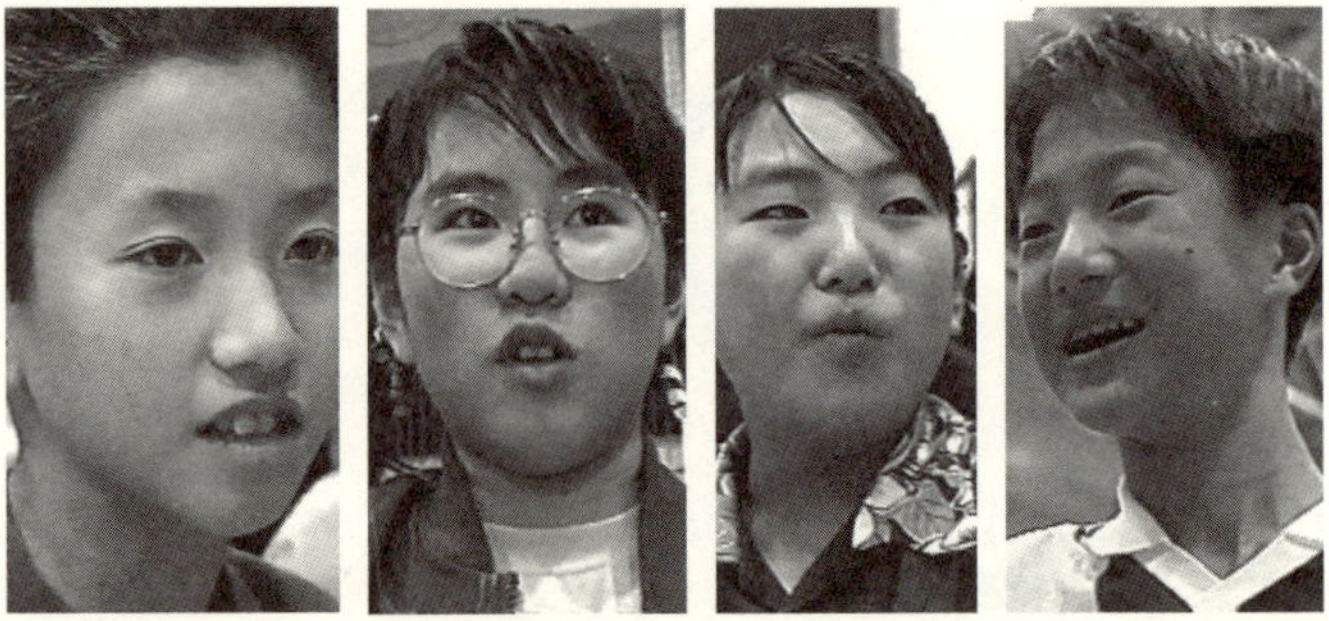

授業後インタビュー

自己表現は人間の生きている証

授業で子どもたちにショーをさせることの意味についてお話しください。

今、注意深くお言葉をうかがったのですが、といいますのは、ファッションショーとおっしゃらなかったのでとても助かっております。これはあくまでもショーだった、ショーであるというふうに自分自身で定義づけています。

ショー、つまり見せる、あるいは表現するということにはいろんな方法があると思います。例えば会話で表現することもありますし、自分の着ているもので表現することもありますし、そのほか身振り手振りなどいろんな方法があります。いちばんわたしに合った土俵がショーで、それは短い時間のなかでその人自身が出やすいということだろうと思います。

短時間にその人が出やすいというのはどういう意味ですか?

例えば、いくら澄ましている人でも、今回の企画の中にトンと入れると、大人も子どもも一気にその人が出てしまう。その人自身の姿が出てしまうと思います。もちろん緊張しますし、それをどっかで吹っ切って、勇気というと大げさですけど、ブンと飛ばないと表現できない。そういうことが、今回のこういう企画ではいちばん出やすいだろうと思っています。

今回の授業の中で、子どもたちがファッションに関することでの親への不平不満を聞く場面がありましたが、あれは聞いておられてどういうふうに感じ取られましたか？

不平不満というよりも、希望を聞いたわけです。おしゃれに限らずああいうものは多かれ少なかれいろいろあると思います。ただ、聞いたときけっこうみんなたまっているな、というふうに受け止めました。内容は非常に自然体の生理的な欲求に近いような気がしますので、それはとても健康的だと思います。ですから、そういう希望を言ったからといって目くじらを立てることはさらさらないと思いますし、ご両親の方もそれに対してそれぞれの人生観のなかで培われた価値観で判断しておられると思います。

小学校の六年生がファッションに対してもかなりいろいろな要求を持っていたように思えましたが、そのへんは寛斎さんから見られてどういうふうにお感じですか？

うーん。まったく自然体でほんとに健康な欲求だろうと思います。ただ率直に申し上げると、おしゃれに対する完成度というものに地域差があるというか、そんな感じがしました。

もう一度、今の話をお願いします。

小学校六年生ぐらいというのは、おそらく自我に目覚める時期だろうと思います。ですから、自分と人との関係というものにも気づくでしょうし、そのときに、本能的にきわめて自然なかたちで自分を表現しているのではないか、という気がしますね。もう一度繰り返しますが、それは健康な証拠だと思います。

この前からの寛斎さんの話では、自己表現というのは本能の部分と深く関わっているのではないか、とおっしゃっていましたが、そのことについてもう少しお話を。

なかなか理屈では分析しづらいことですけど、例えばカラオケですごく歌いたがる人とか、あるいは演台に立ったらすごく長話をする人とか、人間というのはやはりアッピールをしたいという思いを持っている動物ではないかという気がするんですよね。ですから当然、その裏側にはある種の快感や喜びや、またその反対もあるでしょうし、ですから自己表現というのは人間の生きてる証というふうにも思いますが。

寛斎さんは、なぜ「世界の寛斎」になれたかということにもつながっていくと思うのですが、自己表現の先にあるものということについてお話いただけたらと思います。

じっとしていたり黙っていたら何も始まらんわけでして、自分の考えなり自分を表現すれば、相手をわかったというところで交流が始まりますよね。意見の交換といいましょうか、その結果、お互いを刺激し合うこともあるでしょうし、例えばわたしが今まで自分の時間のなかで学んだり得たものがあるとすれば、相手にもお互いにそれくらい分量があるわけですから、その自己表現をきっかけにして、交換し合う。それは、お互いの人生をものすごく潤《うるお》い豊かにするための方法のように思います。

英語は最初のころは特に達者でもなかったにもかかわらず、人とコミュニケーションができたということがありますね。

言葉はある程度できるに越したことはありませんが、自分の表現がベストにできているかというと、決してそんなことはありません。生きている人間どうしですから、目の表現などを含めて、いろんな感じ方の問題だと思います。まず先に、核となる自分の中に伝えたい部分としてあるもの、これが大切だと思います。

授業の中で寛斎さんは自己表現する際のポイントとして、目のことを盛んにおっしゃっていましたよね。その目の大事さについては？

あまり理屈で気づいたわけではないのですが、怯えていると目がキョトキョトと下向きます。自信があると目が光る。夢があっても同じです。ですから目の表現というのは、かなり重要なポイントなんです。けれど、わたしもいちいち目をじっと見ていたわけではないんですよ。ただ、目がいちばん気になってそこに檄《げき》を飛ばしたというわけです。

では、最初は子どもたちの目が気になったのですか？

ええ、もうずっと気になっていましたよ。最初に握手したときはわたしの方の目がたぶん元気がなかったんじゃないかと思うんですが、途中からはもうわたしのペースになって、ショーの入り口くらいからですかね、クールに彼らの状態を見ることができたのだと思います。

装苑賞で人生が変わると思った

根っこの話になるんですが、そもそも寛斎さんがなぜファッションデザイナーの道を選ぼうとしたのかおうかがいしたいのですが。

岐阜を離れて東京で生活を始めたときに、学生だけではなくいろんなかっこいい人たちのことが気になりました。大学に入ったものの、アルバイトをしながらその収入で、流行の最先端のものを自分で買っては身につけるということをやっておりました。

少なくともこんなにファッションにエネルギーを使う自分をちょっと珍しいなと自覚しまして、これだけ情熱があるのだったらその道へ進んだ方がいいのではないかな、と決心しました。

それほどの凄まじい情熱を当時からお持ちだったわけですか？

そうですね、きわめておしゃれだったと思います。

アルバイトのお金をほとんどつぎ込んだとか、そういうことですか？

そうです。そうです。それで確か大学の二年のときだったと思います。歳でいいますと二一歳の九月一日に決断しました。大学を辞めてデザイナーになるぞ、と。

再度ファッションの学校へ行くという余裕が親の方にありませんでしたので、いきなりお針子さんとして弟子入りをしました。修行をするというかたちをとったわけです。ですからほかのデザイナーよりは縫ったりするのはきちんとできる珍しいタイプではないでしょうか。

専門学校ではなくお針子さんになられて、それからデザイナーになっていく道というのはどういうふうに切り拓かれたんですか。

ええ、その九月一日から、生まれて初めてデザイン画を描きました。そういうものは学生時代に得意だったという人がふつう多いのですが、わたしの場合はファッション誌を買ってきまして、それの最初のページから終わりのページまで全部丸写しをするというものでした。

当時はファッションデザイナーになるためのコンペティションというかコンテストといいますのはそんなにたくさんありませんでした。その中でいちばん権威があるのが「装苑賞《そうえんしょう》」

というものでした。
たまさかわたしの子どものころに、離婚した母が洋裁教室をやっていたということもありまして、そこに遊びに行きますと、雑誌の「装苑」が置いてありました。それに装苑賞を受賞した人の話として、山手線の切符切りだったという記事を読みまして、それだったらわたしにもいけるかな、とそう考えたわけです。

その方が受賞したという記事を見たのが九月一日だったわけですか?

いえ、記事を見たのはその二年くらい前の一九歳のころです。

それは、動機みたいなもの、一つ火をつけられたみたいなものでもあるのですか?

かなりの要素であったと思います。

かなり何度も何度も応募されたように聞いたんですけれど、どうでしたか?

当時はお針子をやっていましたときに、朝は九時ごろから夜は一〇時、一一時ごろまで縫っていたかと思います。その後下宿に帰って二時間ほど絵を描きまして、それを新宿にあります文化出版局に月一回の頻度《ひんど》で自分で持参して届けるということをやっておりました。
候補作品として選ばれたのは、応募するようになってから三か月目でした。雑誌社からあなたのものが予選を通ったと知らせをもらったのが、九月から三か月経った一二月ごろ。雪が降っていました。開封したときにもう、どひゃっという喜びで、どっと涙が溢れ出ました。

それから何か月かに一回ずつ、そういうかたちで予選に通るようになりました。当時は半年区切りで公開審査がありました。

文化出版局は文化服装学院の系列でしたので、そこのデザイン科の学生さんたちが仲間のものを当然応援します。わたしの場合は仲間もいず、孤独な世界で、楽屋裏で一人でモデルに自分の作品を着せて、それからモデルが音楽とともにステージに出ると、今度は会場のいちばん後ろの隅っこから割れんばかりの声で、自分の作品がすごくいいというようなことを叫びました。そのことは、今では伝説になっているそうです。


審査会場の雰囲気というか、反響はどうだったんでしょう？


会場では拍手はふつうにあったのですが、声が飛ぶということは今までなかったので、会場の審査員も顔つきがドッと変わったんですね。予選通過も第一位でしたから。「声を出したことだけが良かったわけではない」と人からは言われますが、わたしはこの声もかなり応援歌になっただろうと思っています。それぐらい、賞がほしかったのです。

装苑賞の受賞者としてわたしは、二一人目になります。そういう選ばれた一人になることによって、人生が変わると思っていましたので、当時は何が何でも獲《と》るぞと思っていました。

世界の寛斎へ、文化は交流である

実際に受賞されて、寛斎さんのやりたいこと、自分の表現みたいなものはすぐに見つかったのでしょうか?

受賞したのが、ファッションデザイナーになるぞと志してから二年半くらい経ったときです。ちょっと早かったようにも思います。けれども、まったくゼロの状態ではなく、自分がどんな作風かということのかなりの部分を気づいておりました。もちろん、小説家で言えば一〇〇点満点の文体ができあがっていたとも思いません。さらに一年ほど、自分の作風とはどんなものだろう、自分とは何か、と、けっこう思い悩みました。

そこにも自分が何かということが結局深くかかわってくるわけですか?

そうです。当時はベトナム戦争のような社会的な非常に大きな渦《うず》の中で、価値観の変動がありました。ヒッピー的運動から価値観の変革が世界中に駆けめぐったときでもありました。わたしもその流れのなかで、従来ファッション界では認められなかったタイプの服を身につけるようにしました。オートクチュールといいますと高級注文服などと訳したりしますが、そういう従来の服の価値観ではありません。

この番組の中でもわたしのファッションを写真でお見せしましたが、わたしのつくったものがスイと受け入れられたわけではありません。反発の視線もあったり、批判的な言われ方もしました。最初に出かけた外国の反応がそれとは雲泥《うんでい》の差だったので、世界は広いと思いましたし、自分に対する共鳴者というものもちゃんといるんだな、というふうに思いました。それで、自分の発表の場を日本ではなくて、例えばイギリス、例えばニューヨークというふうに思いました。それでいちばん呼吸の合ったロンドンでの発表になったわけです。このときさらに自分の作風って何だ、と考えました。

偶然、歌舞伎を見たことも関係するのですが、自分の作風というのが東洋人の血とか日本人の美意識とか、そこをグーッと掘り下げていって最終的には歌舞伎から影響を受けた手法で発表しました。

当時ファッションモデルはきれいに歩くということでしたが、わたしのショーでは「走る」もあるし「ターンする」もあるし、歌舞伎の演出的手法で一瞬にして着物の色が変わるというようなことも取り入れました。Tシャツの顔の柄の目を押したらそこから音楽が流れるシヤツだとか、西洋文化にきわめて挑戦的な内容の仕事だったと思います。

当時の作品とか記録の映像を拝見しますと、作品だけではなく寛斎さん自身の挑戦度がかなり高いというふうに感じるのですが、そのころ何に向かって戦っていたのですか？

実は、文化というのは、交流だと思います。行き来するものだと思うのですが、当時のファッションは一方的に西洋から日本へというかたちで、あるいは上から下へというかたちで流れていました。それに対して逆流したいという気持ちがわたしにはありました。西洋のデザイナーとわたしたちとは回路は違うけれども、少なくとも同等な美をつくり得る能力が自分の中にあると思っていましたので、それを証明しようということもあったのでしょう。装苑賞では二一人の中に入ったのですが、今度は世界の何人かの中に入りたいと思いました。「我ここにあり」という、国体からオリンピックに出たような、そんなもんだと思います。

「我ここにあり」ということがすごく重要なのは？

極論すればそれしかないと思います。向こうでは、例えばだれかの作風を持ってきたところで、それはまねているということで即座にばっさりというのが、日本とちょっと違います。日本ではどなたかの人の影響があっても、それでビジネスになれば良しとするような気風があると思いますが、世界の場では創造性を重視する傾向が強いと思います。

では、わたしとは何者なんだということで「我ここにあり」と位置づけないと生きていけない世界なのですね。

はい、まったく疑いもなくそう思います。例が変かもしれませんが、マイケル・ジャクソンってだれが見ても彼ですよね。プレスリーもまったくしかりでしょうし、マドンナもそうでしょう。音楽を例にしましたが、それぐらい高らかに「我ここにあり、我は我」というくらい明らかなものが必要だと思います。

ドラマのあるスーパーショーをめざす

寛斎さんの話の中で自分のファッションが人の感情に刺激を与えているというか、起伏を起こすというのがあったのですが、それがとても面白いと思いました。

当時は、自作自演で毎日毎時間、わたし自身がモデルをやっていたものですから、すれ違う人がどう反応するかはすごく真剣な思いで見ていました。すると、何であれ、ふつうの出会いと違ったような大きな反応が起きるわけです。

先輩の話によると、出会う人にとっては整理できない何か、ある種のパニック的な現象がわたしから出ていて、電流のようなものを出しているんじゃないかと言われました。

出会った人が、はははと笑ってその日一日退屈しなかったということがあったとしたら、それは社会に対していいことをわたしはやってるなと思いました。

日本においてある種のマーケティングリサーチを日々していたというふうに考えてもいいのでしょうか?

マーケットリサーチというのは、あるビジネスをやるための市場調査ですから、わたしの場合は市場調査というよりも思想調査みたいなものです。自分の思想がこの環境の中でどこまで浸透していくのかというようなことだったと思います。

その調査で、寛斎さんが日本というところに対してどういう判断をしたのでしょう?

ドアを開けるときに「いくぞ」というような気分で、そのような格好をしていましたので、こっちの体から人様の気持ちにエネルギーがぶつかるわけです。すると、ブンと反応があるじゃないですか。それはまあ、良いも悪いもいろんなものが混ざっていると思いますけど、少なくとも強烈な反応があったのだけは事実だと思います。

その強烈な反応を見ながら自分の作品をもう一回ぶつける場所として、ロンドンを選ばれたいきさつを教えてください。

当時のロンドンは、音楽の世界、特にロックで、ビートルズをはじめすごい強烈なパワーが充満しているときでした。その彼らのステージ衣装とそれから街のファッションがとても近場でリンクしていましたので、ここはわたしの体質なんだ、と思いました。日本には「かぶき者」とか「ばさら」とか言われた時代があって、決してわたしが初めてではないのです。「わびさび」の日本ではない、すごくパワフルな美意識みたいなものが歴史の中にもありました。わたしはそれを伝承してやろうと思っていまして、それとわたしの血の熱さもかぶさって、それが合流したときに西洋の煮えたぎった人といささかも劣らないと思いました。ショーのあと、ジョン・レノンさんが買いたいとか、デビッド・ボウイさん、ミック・ジャガーさんにも反応があったということです。

ファッションデザインとショーということの二つが融合して山本寛斎の表現になるということについて、お話しください。

ロンドンでのショーは、ファッションということとステージ全体でアッピールすることが偶然に一致してできたものです。そういう場合は、いわゆるファッションショーよりもお金がかかるということです。例えばテレビ局がスポンサーになってくれる場合は比較的容易にできます。イギリスでの最初のときも、銀行からお金を借りた記憶があるのです。それから三〇歳のときに、コンサヴァティヴなパリで挑戦してみようかということで、大枚の出費をともなったショーをやりました。このショーがうまく決まらなかったということもあるのですが、もしうまく決まっていれば、フランスのファッション界で諸手《もろて》をあげて歓迎されたかもしれません。しかし実際は、あまり完成度の高い仕事になりませんでした。

それはわたしが一気に世界のレベルに行っちゃったために、慢心の日々であったことと関係があるかもしれません。

そんなわけでショーがいい出来映えではなかったときに、オイルショックが重なってわたしの試練の時になりました。

わたしの友人たちはファッションの道だけで生きた方がいい、それ以外の演出は控えた方がいいのではないか、と言いました。それでパリコレクション、あるいはニューヨークコレクション、東京もしかり、世界の三か所で約一〇年間発表をし続けました。

しかし、どうしても服以外のこと、ステージに出ていって声を出したり「間」を取ったりということをしたいですし、どこかしら心のすき間にやはり服以外のことをしたいという感情がふっと出てしまうのですね。

寛斎のショーはふつうのファッションショーをやっていてもドラマチックである、ということを言われたわけですけれども、この一〇年の間に結果からいうと、わたしの方法はやはりスーパーショーであった。このまんまみんなにいい子だと言われてデザイナーだけで終わったのでは死んでも死にきれないような想いが、四〇歳代のはじめごろにあったと思います。劇場で演出家としてファッション以外のことを手がけたり、大島渚さんたちに出ていただいたり、すごい大型なショーをやって広がっていったのが四〇歳代でした。

その四〇歳代の終わりごろに、ロシアが経済的に元気がないということが世界的な話題になっていましたので、一個人のわたくしがそれに応援歌を贈るということはすごくいいことなのではないか。自分自身もいまだお尻に火のついたような環境でもあったわけですが、ロシアでわたし自身が全部出るような大型の表現方法、スーパーイベント、あるいはスーパーショーとして、人間の生きることの素晴らしさをテーマに、「人間讃歌」と名前を付けまして、かの赤の広場で一二万人という人の前でショーの展開が実現されたということです。

すべての仕事を振り返って、一体山本寛斎とは何者なんだろうということについては？

わたしは、けたたましいショーマンシップを持った表現者だと思います。それで、その表現の一つにファッションというものがある、というふうに位置づけています。

この極意を得るのに時間がかかりました。四八歳でやったロシアのショー以降、二年おきでベトナム、インドとやって昨九七年、五〇歳を越えるというところで、自分とは何者なのか、その自分の道を掘り下げるのにエネルギーを使いましたので、これからが非常に重要な時だと思います。さらに元気で、世界の場で表現をけたたましくしていきたいなと思っています。

それで、久々に二〇〇〇年に、今度は日本と、そしてアメリカの一都市でやろうかと思っています。

今回の授業で小学生の子どもたちに、いろんなことが伝わったと実感しています。二年後、その子どもたちにかぶりつきでわたしのショーを見てもらいたいと思います。授業中にわたしがごちょごちょしゃべったこと、わたしが言わんとしていたことがこんなにすごかったんだ、ということを確認してもらえるのではないかと思っています。

それは楽しみですね。では、最後の質問です。
常に寛斎さんが語られている、「元気」というテーマについても一言。

映画のハリウッドの世界にも、ディズニーの世界にも、あるいは「もののけ姫」の世界にも、やはり元気が溢れているという気がします。その三つはぜんぜん違うものを挙げているのですが、元気ということでは一直線ではないかと。新しい変化がある時代を迎えて、そのなかで生きていこうということになりますと、その元気が空気のように不可欠なものではないかという気がします。

それでもう一つ。わたしは今朝も四時に起床しましたけれども、人間ですから悩んで葛藤《かっとう》して、答えが出ないときもあります。体調の悪いときもあります。小一時間の運動で体に血がきちんと流れるようになりますと、体内にある元気でない要素というのが、ブンと取り除かれます。そういう元気運動をしながら、その日を元気に過ごしていきたいなあ、というふうに思っています。

また同時に、人の仕事や生きざまを見ていても、盛んにチャレンジしている元気な姿というのがいちばん魅力的ではないでしょうか。ですから、今回、子どもたちのご両親の目から見ても、いつもの息子や娘にはない元気が、この番組の映像の中にしっかりとあったような気がします。

この番組の波及の先に新しい何かが……

この番組は、見た人たちにかなりのインパクトを与えたと思われる証《あかし》、「その後」の波及がいろんなところで認められる。その一つには、「課外授業　ようこそ先輩」シリーズ自体への関心を記した朝日新聞「天声人語」では、「山本寛斎さんが演出したファッションショーは圧巻だった。工夫を凝らした服装と髪形で、体育館いっぱい、はね回る子どもたち。誇らしげな顔。この中からデザイナーが誕生するかもしれない」と紹介された。

視聴者の手紙での評価には、たぶん制作者の意図どおりの、寛斎さんのエネルギー、とりわけ準備の「ダメ出し」の子どもたちへの厳しい要求姿勢、自己表現の重要性、それから授業でのショー発表にいたる子どもたちのドラスティックな変化などについての、驚き・共感・賞賛・感謝が述べられていた。

寛斎さん自身も、この番組の反響で数多くのテレビ番組への出演など次々に新しい活動の場への扉が開かれていった。

山本寛斎さんの談

この授業を終わってからのことですが、二〇〇〇年八月に行われる「ハロージャパン・ハロー21・インぎふ」という日本でのスーパーショーのプレイベントとして、ラスベガスで演目を組もうという動きをしています。そのときにこの番組に出られた子どもたちにも参加していただき、それからアメリカ側の学生さんたちにも参加していただいて、国における表現の違いというような深みのあるプロジェクトを進行したいな、というのが今のわたしの胸の内にあります。

ですから、この授業だけで終わらせずに継続して発展的に自己表現の場をこの子どもたちにさしあげたいと思っています。

ラスベガスの方はまだ具体的になっていませんが、岐阜の方は先行して七万五〇〇〇人という観客で、世界的にも最大クラスのイベントに必ずしたいと思います。アフリカの太鼓の指導者を交えて、何か月か明徳小学校の高学年の子どもたちに練習してもらって、改めてこの晴れの場に参加してもらおうとしています。明徳小スーパーショー参加体験のさらなるステージアップに発展します。これはテレビでの放送が予定されています。

この岐阜の「ハロー・ジャパン」は、当初は今までの世界各地のスーパーショーと同程度の予算でいけるかなと思っていたのですが、日本では世界中のどの国よりも物は揃うのですが、ただし人件費が莫大なものになるようです。これはどうやら二〇世紀の弊害と無関係ではないように思えます。つまり、我々は物を追い求めてきましたから、その意味では充足感はあるのですが、ノンプロフィットオルガニゼーションのような発想が、国としては乏しいような感じを持ちます。

「国民は希望や要求を国や行政に言うだけでなく、自分たち一人ひとりに何ができるかというような取り組みを」と、アメリカ大統領の発言にありますが、それが新しい世紀を切り拓く出発点のような気がします。

それから、「自己表現」をそれぞれの人が求めている時代になってきたということです。先日、岐阜県の国民文化祭でわたしがモダンダンスのプロデューサーをしたとき、みなさん持ち出しなのにこれほどたくさんの人が集まるのかと驚きました。「自己表現」がある種の時代の本質をついたキーワードになるというのが、昨今のわたしの受け止め方です。

岐阜市立明徳小学校（岐阜市）

一八七三年（明治六）、現在の明徳小学校の前身である小熊小学校が創立。のちに今泉小学校と合併。明徳小学校は、二〇〇〇年で創立一二七年目を迎える。

岐阜市の中心に位置し、「伝統ある小学校といえば明徳小学校」として知られる。清流長良川を北に、緑深き金華山を東にのぞむ。

岐阜市は政治・経済・文化の中心地として栄え、またファッションの街、「歓楽街のやながせ」は長良川の鵜《う》飼《か》いとともに全国的に有名。

明徳という名前は、当時の教師たちがそのころ学問の主流であった儒学の素養を基として名付けたと考えられる。

大正末期の市電開通に始まり、商工業、住宅、文教地区へと飛躍的な発展を校下は遂げた。しかしその途上には、第二次世界大戦の大空襲、伊勢湾台風、集中豪雨等の災害や自然の猛威にも遭遇した。

小熊村にあった創立当時の学校の周辺を説明すると、中央を「おすし街道」（江戸時代に名物の鮎ずしを将軍家へ献上する行列が通ったことに由来する）が走り、その周囲に商家が並び、一歩入れば職人長屋が並んでいたと思われる。住人の半数が商工業に従事しており、いわゆる田畑に囲まれた小学校ではなく、町屋に囲まれ、わずかに西側に田畑（桑畑多数）が広がっていたようだ。要するに昔から都会の中に位置していたと言える。

明治末期のころ、今の平和通り（メインストリート）より今川町通り（学校の前の道）の方が道幅も広くずっと賑わっていた。それは今川町に岐阜電灯会社（今の中部電力）があったからだ。当時は石炭による火力発電だったので、夜は一二時に一斉に消灯した。今川町、海老町（今はない）、高野町あたりの人々は火力発電で流れ出るお湯を使って、付近を流れる川で洗濯をしたらしい。

昭和一五年頃、学校の隣に岐阜警察署があり、野球をしている児童のボールがその中にある拘置所によく飛び込んだ。卒業生（昭和二年入学）によると、中に四人がいて声をかけるのが怖かったが、大切なボールだったので取りに行ったという。

設立当初、児童数二〇〇人あまりで出発した明徳小学校は、市部発展の歴史をまともに受け、大正期の一九〇五人をピークに、昭和初期一五〇〇～一七〇〇、昭和二〇年代一二〇〇人と推移する。現在、在校生一七八人。

ＰＴＡ活動は盛んで、学校・家庭・社会における児童の福祉に貢献している。昭和三〇年、全教室の火鉢をだるま型ストーブに買い換える費用はＰＴＡを中心とする寄付で賄《まかな》い、燃料費もすべて廃品回収で賄った。また、昭和四五年には「ベルマークを集めましょう」運動が始められ、その五年後の昭和五〇年にはベルマーク収集によって得たお金でレコードプレーヤー六台を購入するなどした。

卒業生には山本寛斎さんのほか、この授業の中でも紹介されたベルリンオリンピックで金メダルを取った前畑秀子さんもいる。

あとがきにかえて

人間力の伝わるとき

坂上達夫
NHKエンタープライズ21

放送開始から、およそ二年が経過しようとしているこの「課外授業 ようこそ先輩」、制作本数もすでに八〇本に迫ろうとしています。その中でも、今度、本になった山本寛斎さんの回ほど、授業の展開が読めなかった例はありません。もちろん、いちばん気を揉んだのは現場にいた制作スタッフであることは、言うまでもありません。その辺りは、挿入されている正岡ディレクターの言葉にもあるとおりです。にもかかわらず授業の二日目、自らの手でつくりだしたスーパーショーの中で、子どもたちは劇的な変身を遂げます。姿かたちが変わっただけでなく、心がそれまでの殻を脱ぎ、解放されることによって、自己表現の一歩を踏み出したのです。それは、山本寛斎さんと子どもたちとの交流が、授業として、そして視聴者の皆さんに感動を伝える番組として、成功したことを意味していました。

このようにユニークな授業が実現できたのは、子どもと向き合う寛斎さんが、全力投球、一切手を抜かなかったことに尽きます。しかし、世の中全体がマイルドな時代、わたしたちが不安を抱いたのも、実はここでした。とりわけ、子どもたち一人ひとりが、自分の〝元気ポーズ〟をつくる授業で見せた寛斎さんの厳しさは、寛斎さんのふだんの仕事での姿勢をうかがい知るのに十分なものでした。何しろ、その子の自分が見えてくる、オリジナルな自己表現にたどりつくまで許さないのです。寛斎さんから何度もダメを出される子どもたちの間には、恐怖にも似た疲れの表情が浮かんでいました。

この〝元気ポーズ〟づくりが、次の日のスーパーショーの大事な要素となるものであることは、子どもたちも言われて頭ではわかっていました。しかし、みんなには、晴れ舞台での自分の姿を明確にはイメージできていなかったに違いありません。具体的に、ファッションや髪型を考えるようになったとき、ようやく子どもたちのエンジンが回り始めます。寛斎さんの意図が、それぞれの心に届いたのです。

この本にもあるとおり、寛斎さんの少年時代は、決して平坦なものではありません。そんな中で、今につながる寛斎さんをつくったのが、自己表現への飽くことなき挑戦でした。その同じことを、子ども向きにアレンジするのではなく、本物の体験として、全身で感じてもらう。授業の中で爆発した寛斎さんのパワーには、圧倒されるばかりでした。

そして、クライマックスは全校児童を前にしての学校スーパーショー。寛斎さんは、御自分のところのプロのスタッフまで動員して協力してくださいました。髪を少し変え、普段着《ふだんぎ》の組み合わせを工夫するだけで、見違えるように変身した子どもたち。ステージの上で元気ポーズを決めるその様子は、だれもが自信に満ちていました。まさに自己表現、みんなは新しい自分を発見したのです。

まず、今の自分を極限まで見つめ問い直すことによって世界が開けてくることを、身をもって示してくださった山本寛斎さん、それに臆することなく応えてくれた子どもたちに、あらためて感謝します。

（エグゼクティブプロデューサー・番組制作統括）

ＮＨＫ「課外授業 ようこそ先輩」制作グループ

制作統括	橋詰　晴男
	坂上　達夫
プロデューサー	田嶋　敦
演出	正岡　裕之
ナレーション	大沼　ひろみ
撮影	福居　正治
	金子　秀樹
資料提供	山本寛斎事務所
共同制作	ＮＨＫ
	ＮＨＫエンタープライズ２１
	東京ビデオセンター

山本寛斎　ハロー・自己表現　課外授業 ようこそ先輩　別冊

2000年2月27日　初版第1刷発行

編　者　NHK「課外授業 ようこそ先輩」制作グループ
KTC中央出版

発行人　前田哲次
発行所　KTC中央出版
〒460-0008
名古屋市中区栄1丁目22－16 ミナミビル
振替00850-6-33318　TEL052-203-0555
〒163-0230
新宿区西新宿2丁目6－1 新宿住友ビル30階
TEL03-3342-0550
編　集　(株) 風　人　社
東京都世田谷区代田4－1－13－3A
〒155-0033　TEL 03-3325-3699
印　刷　図書印刷株式会社

ISBN4-87758-161-8 C0095

国境なき医師団：貫戸朋子

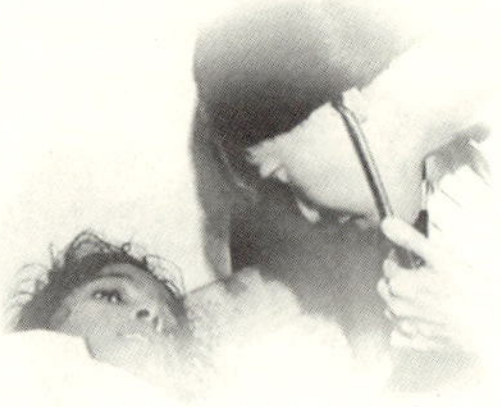

MEDECINS SANS FRONTIERES Kanto Tomoko

NHK「課外授業 ようこそ先輩」制作グループ＋KTC中央出版［編］